생트마리 마들랜 성당

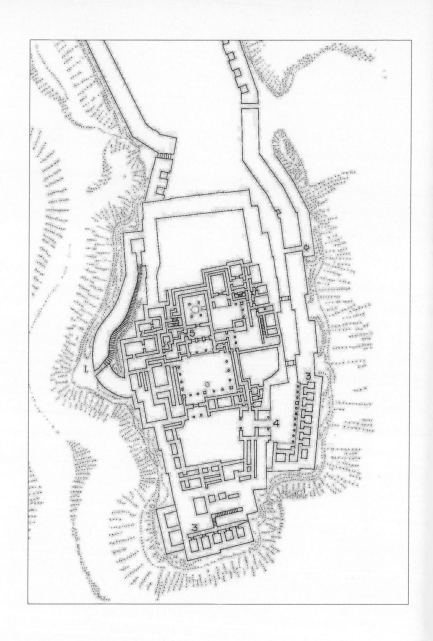

미케네의 티린스 성채

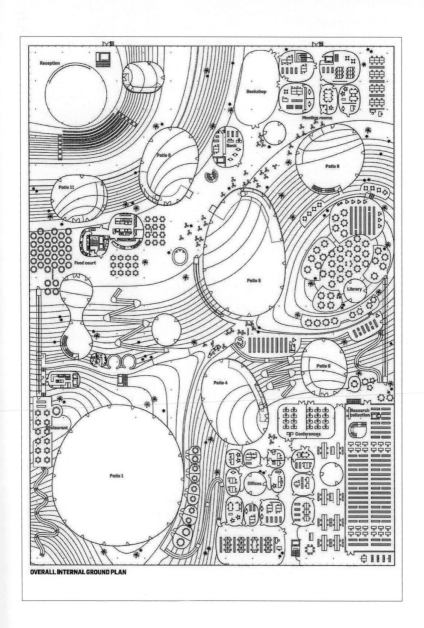

OVERALL INTERNAL GROUND PLAN

로잔연방공과대학교 롤렉스 학습센터

윌리엄 포사이스의 무용 '에이도스-텔로스'

덴마크 외레스타드고등학교

국립 소피아 왕비 예술센터 옥상 테라스

카사 바트요의 난로

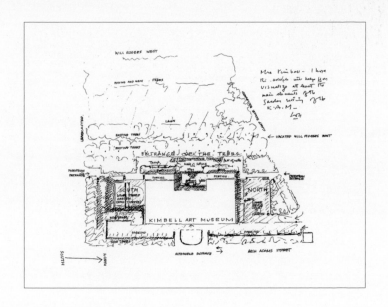

루이스 칸의 킴벨미술관 스케치

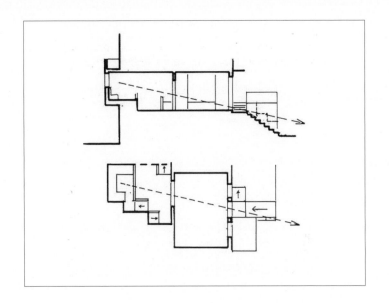

몰러 주택의 단면과 시선

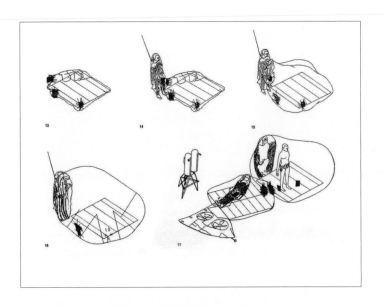

수탈룬

알바로 시자의 방과 신체 스케치

철망 사이의 얼음

스티븐 홀의 내부 공간 수채화

아잔타 석굴

케이스 스터디 하우스 22번

뒤렌의 성 안나 성당

안토니오 코라디니의 '베일을 쓴 여인'

로버트 스톤의 '피티드 셔츠Fitted Shirt'

바르셀로나 파빌리온과 콜베의 조각

지각하는 신체

건축강의 6: 지각하는 신체

2018년 3월 5일 초판 발행 ○ 2019년 3월 4일 2쇄 발행 ○ **지은이** 김광현 ○ **펴낸이** 김옥철 ○ **주간** 문지숙
책임편집 오혜진 ○ **편집** 우하경 최은영 이영주 ○ **디자인** 박하얀 ○ **디자인 도움** 남수빈 박민수 심현정
진행 도움 건축의장연구실 김진원 성나연 장혜림 ○ **커뮤니케이션** 이지은 박지선 ○ **영업관리** 강소현
인쇄·제책 한영문화사 ○ **펴낸곳** (주)안그라픽스 우 10881 경기도 파주시 회동길 125 - 15
전화 031.955.7766 (편집) 031.955.7755 (고객서비스) ○ **팩스** 031.955.7744 ○ **이메일** agdesign@ag.co.kr
웹사이트 www.agbook.co.kr ○ **등록번호** 제2 - 236 (1975.7.7)

이 책의 국립중앙도서관 출판예정도서목록(CIP)은 서지정보유통지원시스템 홈페이지(seoji.nl.go.kr)와
국가자료공동목록시스템(nl.go.kr/kolisnet)에서 이용하실 수 있습니다.
CIP제어번호: CIP2018004236

ISBN 978.89.7059.943.4 (94540)
ISBN 978.89.7059.937.3 (세트) (94540)

지각하는 신체

김광현

건축강의

6

안그라픽스

일러두기

1 단행본은 『 』, 논문이나 논설·기고문·기사문·단편은 「 」, 잡지와 신문은 《 》,
  예술 작품이나 강연·노래·공연·전시회명은 〈 〉로 엮었다.

2 인명과 지명을 비롯한 고유명사와 건축 전문 용어 등의 외국어 표기는
  국립국어원 외래어표기법에 따라 표기했으며, 관례로 굳어진 것은 예외로 두었다.

3 원어는 처음 나올 때만 병기하되, 필요에 따라 예외를 두었다.

4 본문에 나오는 인용문은 최대한 원문을 살려 게재하되,
  출판사 편집 규정에 따라 일부 수정했다.

5 책 앞부분에 모아 수록한 이미지는 해당하는 본문에 •으로 표시했다.

건축강의를 시작하며

이 열 권의 '건축강의'는 건축을 전공으로 공부하는 학생, 건축을 일생의 작업으로 여기고 일하는 건축가 그리고 건축이론과 건축의장을 학생에게 가르치는 이들이 좋은 건축에 대해 폭넓고 깊게 생각할 수 있게 되기를 바라며 썼습니다.

좋은 건축이란 누구나 다가갈 수 있고 그 안에서 생활의 진정성을 찾을 수 있습니다. 좋은 건축은 언제나 인간의 근본에서 출발하며 인간의 지속하는 가치를 알고 이 땅에 지어집니다. 명작이 아닌 평범한 건물도 얼마든지 좋은 건축이 될 수 있습니다. 그렇지 않다면 우리 곁에 그렇게 많은 건축물이 있을 필요가 없을 테니까요. 건축설계는 수많은 질문을 하는 창조적 작업입니다. 그릴 뿐만 아니라 말하고, 쓰고, 설득하고, 기술을 도입하며, 법을 따르고, 사람의 신체에 정감을 주도록 예측하는 작업입니다. 설계에 사용하는 트레이싱 페이퍼는 절반이 불투명하고 절반이 투명합니다. 반쯤은 이전 것을 받아들이고 다른 반은 새것으로 고치라는 뜻입니다. '건축의장'은 건축설계의 이러한 과정을 이끌고 사고하며 탐구하는 중심 분야입니다. 건축이 성립하는 조건, 건축을 만드는 사람과 건축 안에 사는 사람의 생각, 인간에 근거를 둔 다양한 설계의 조건을 탐구합니다.

건축학과에서는 많은 과목을 가르치지만 교과서 없이 가르치고 배우는 과목이 하나 있습니다. 바로 '건축의장'이라는 과목입니다. 건축을 공부하기 시작하여 대학에서 가르치는 40년 동안 신기하게도 건축의장이라는 과목에는 사고의 전반을 체계화한 교과서가 없었습니다. 왜 그럴까요?

건축에는 구조나 공간 또는 기능을 따지는 합리적인 측면도 있지만, 정서적이며 비합리적인 측면도 함께 있습니다. 집은 사람이 그 안에서 살아가는 곳이기 때문입니다. 게다가 집은 혼자 사는 곳이 아닙니다. 다른 사람들과 함께 말하고 배우고 일하며 모여 사는 곳입니다. 건축을 잘 파악했다고 생각했지만 사실은 아주 복잡한 이유가 이 때문입니다. 집을 짓는 데에는 건물을 짓고자 하는 사람, 건물을 구상하는 사람, 실제로 짓는 사람, 그 안에 사

는 사람 등이 있습니다. 같은 집인데도 이들의 생각과 입장은 제
각기 다릅니다.

　건축은 시간이 지남에 따라 점점 관심을 두어야 지식이 쌓
이고, 갈수록 공부할 것이 늘어납니다. 오늘의 건축과 고대 이집
트 건축 그리고 우리의 옛집과 마을이 주는 가치가 지층처럼 함께
쌓여 있습니다. 이렇게 건축은 방대한 지식과 견해와 판단으로 둘
러싸여 있어 제한된 강의 시간에 체계적으로 다루기 어렵습니다.

　그런데 건축이론 또는 건축의장 교육이 체계적이지 못한 이
유는 따로 있습니다. 독창성이라는 이름으로 건축을 자유로이 가
르치고 가볍게 배우려는 태도 때문입니다. 이것은 건축을 단편적
인 지식, 개인적인 견해, 공허한 논의, 주관적인 판단, 단순한 예측
그리고 종종 현실과는 무관한 사변으로 바라보는 잘못된 풍토를
만듭니다. 이런 이유 때문에 우리는 건축을 깊이 가르치고 배우지
못하고 있습니다.

　'건축강의'의 바탕이 된 자료는 1998년부터 2000년까지 3년
동안 15회에 걸쳐 《이상건축》에 연재한 「건축의 기초개념」입니다.
건축을 둘러싼 조건이 아무리 변해도 건축에는 변하지 않는 본질
이 있다고 여기고, 이를 건축가 루이스 칸의 사고를 따라 확인하
고자 했습니다. 이 책에서 칸을 많이 언급하는 것은 이 때문입니
다. 이 자료로 오랫동안 건축의장을 강의했으나 해를 거듭할수록
내용과 분량에서 부족함을 느끼며 완성을 미루어왔습니다. 그러
다가 이제야 비로소 이 책들로 정리하게 되었습니다.

　'건축강의'는 서른여섯 개의 장으로 건축의장, 건축이론, 건
축설계의 주제를 망라하고자 했습니다. 그리고 건축을 설계할 때
의 순서를 고려하여 열 권으로 나누었습니다. 대학 강의 내용에
따라 교과서로 선택하여 사용하거나, 대학원 수업이나 세미나 주
제에 맞게 골라 읽기를 기대하기 때문입니다. 본의 아니게 또 다
른 『건축십서』가 되었습니다.

　1권 『건축이라는 가능성』은 건축설계를 할 때 사전에 갖추
고 있어야 할 근본적인 입장과 함께 공동성과 시설을 다룹니다.

건축은 공동체의 희망과 기억에서 성립하는 존재이며, 물적인 존재인 동시에 시설의 의미를 되묻는 일에서 시작하기 때문입니다.

2권『세우는 자, 생각하는 자』는 건축가에 관한 것입니다. 건축가 스스로 갖추어야 할 이론이란 무엇이며 왜 필요한지, 건축가라는 직능이 과연 무엇인지를 묻고 건축가의 가장 큰 과제인 빌딩 타입을 어떻게 숙고해야 하는지를 밝히고자 했습니다.

3권『거주하는 장소』에서는 건축은 땅에 의지하여 장소를 만들고 장소의 특성을 시각화하므로, 건축물이 서는 땅인 장소와 그곳에서 거주하는 의미를 살펴봅니다. 그리고 장소와 거주를 공동체가 요구하는 공간으로 바라보고, 이를 사람들의 행위와 프로그램으로 해석하였습니다.

4권『에워싸는 공간』은 건축 공간의 세계 속에서 인간이 정주하는 방식을 고민합니다. 내부와 외부, 인간을 둘러싸는 공간 등과 함께 근대와 현대의 건축 공간, 정보와 건축 공간 등 점차 다양하게 확대되는 건축 공간을 기술하고 있습니다.

5권『말하는 형태와 빛』에서는 물적 결합 형식인 형태와 함께 형식, 양식, 유형, 의미, 재현, 은유, 상징, 장식 등과 같은 논쟁적인 주제를 공부합니다. 이는 방의 집합과 구성의 문제로 확장됩니다. 또한 건축에 생명을 주는 빛의 존재 형식을 탐구합니다.

6권『지각하는 신체』는 건축이론의 출발점인 신체에 관해 살펴봅니다. 또 현상으로 지각되는 건축물의 물질과 표면은 어떤 것이며, 시선이 공간과 어떤 관계를 맺는지 공간 속의 신체 운동과 경험을 설명합니다.

7권『질서의 가능성』은 질서의 산물인 건축물을 이루는 요소의 의미를 생각하고, 물질이 이어지고 쌓이는 구축 방식과 과정을 살펴봅니다. 그리고 건축의 기본 언어인 다양한 기하학의 역할을 분석합니다.

8권『부분과 전체』는 건축이 수많은 재료, 요소, 부재, 단위 등으로 지어질 수밖에 없는 점에 주목해 부분과 전체의 관계로 논의합니다. 그리고 고전, 근대, 현대 건축에 이르는 설계 방식을 부분에서 전체로, 전체에서 부분으로 상세하게 해석합니다.

9권 『시간의 기술』은 건축을 시간의 지속, 재생, 기억으로 해석합니다. 그리고 속도로 좌우되는 현대도시에 대응하는 지속 가능한 사회의 건축을 살펴봅니다. 이와 함께 건축을 진보시키면서 건축의 표현을 바꾼 기술의 다양한 측면을 정리합니다.

10권 『도시와 풍경』은 건축이 도시를 적극적으로 만든다는 관점에서 건축과 도시의 관계를 해석합니다. 그리고 건축에 대하여 이율배반적이면서 상보적인 배경인 자연을 통해 새로운 건축의 가능성을 찾고, 건축과 자연 사이에서 성립하는 풍경의 건축을 다룹니다.

이 열 권의 책은 오랫동안 나의 건축의장 강의를 들어준 서울대학교 건축학과 학부생과 대학원생 그리고 나와 함께 건축을 연구하고 토론해준 건축의장연구실의 모든 제자가 있었기에 가능했습니다. 더욱이 이 많은 내용을 담은 책이 출판되도록 세심하게 내용을 검토하고 애정을 다해 가꾸어주신 안그라픽스 출판부는 이 책의 가장 큰 협조자였습니다. 큰 감사를 드립니다.

2018년 2월 관악 캠퍼스에서
김광현

서문

건축을 생각하면 몸에 친숙한 스케일로 크기를 정하고, 유기적인 재료로 집을 짓는 모습이 제일 먼저 떠오른다. 물론 이 요소들은 신체를 바탕으로 건축물을 지을 때 가장 기본이 되는 조건이다. 그러나 건축에서 신체는 그보다 더 근본적이다.

벽은 똑바로 서 있다. 인간 스스로 바로 선 자세가 가장 진실하다고 여기기 때문이다. 반대로 굽은 벽도 있다. 이 역시 자연스럽게 움직이는 몸이 가장 아름답다고 여기기 때문이다. 몸에 대한 자신의 관점으로 건축을 판단한 것이다.

건축은 옷을 닮았다. 옷이 몸을 감싸듯이 건축도 사람의 몸을 감싼다. 그러면 옷이 몸에 반응하듯이 건축도 사람의 몸에 가볍게 반응해야 한다. 가령 의자에 앉아 있다면 몸과 가장 가까이 있는 의자로 사람의 행위와 공간의 관계를 새롭게 설정해야 한다고 생각한다. 이것이 건축을 신체로 바라보는 이유다.

흔히 인류가 집을 짓기 전에 동굴에서 살았다고 말한다. 먼 옛날에 사람이 동굴에서 살았다는 것은 집이 본래 신체와의 직접적인 관계에서 비롯했음을 의미한다. 똑바로 선 벽이나 기둥은 언어로 해석된 것이지만, 굽은 벽은 언어가 되기 이전의 상태이며, 동굴과 신체에 더 가깝다. 건축에서 언어로 말할 수 없는 것, 언어 이전의 것을 찾을 때 '신체'라는 개념이 등장한다.

건축은 감각과 아주 밀접하다. 몸은 이를 지각하며 움직인다. 창을 통해 들어오는 빛이 따뜻한 감각을 불러일으키고, 견고한 물질은 눈으로 보는 크기와 몸에 닿는 촉각을 직접 느끼게 한다. 그래서 건축은 시각과 촉각, 치수와 크기, 스케일, 거리, 사물을 통해 현상을 생각한다. 물방울이 빛을 만나 노을이 생기듯이 사물은 지각되는 분위기를 만들어낸다. 이때 몸에 반응하는 아주 큰 사물인 건축은 지각과 분위기에 직접 관여하게 된다.

'표면'이라고 하면 외형에 치우친 개념으로 여기고 낮추어 보는 교육을 받아서인지, 건축에서도 표면을 중요하게 생각하지 않는 경향이 있다. 그러나 사람은 표면으로 사물을 지각한다. 표면은 표정을 드러내고 빛을 반사하기도 하며, 물성을 나타내고 공간을 가장 직접적으로 형성한다. 표면을 사람의 피부에 비유하면, 건축도 표면을 통해 적극적으로 환경에 반응한다는 것을 알 수 있다. 이런 이유에서 현대건축은 표면, 물성, 현상 등을 중요한 과제로 파악하고 있다.

이 책 『지각하는 신체』에는 무언가를 응시하는 시선이 함께 있다. 시선은 기회가 되면 넓게 보려고 하지만 불리하면 숨고 피하려는 속성이 있다. 건축물의 창문은 물론이고, 건축의 영역이나 공간도 보고 보이는 사회적인 관계에 놓여 있다.

사람의 몸은 멈추고 움직이고 이동한다. 그래서 건축에는 멈춤과 이동, 순회와 방사라는 개념이 함께 존재한다. 멈춤과 이동은 건물 안과 밖을 지나며 공간을 연결하는 순환이나 흐름의 문제로 이어진다. 공간 안을 움직이면 마치 영화처럼 건축과 신체, 공간과 행위가 결합된 장면이 연속적으로 이어지는 시퀀스가 나타난다. 사람의 몸이 공간에서 움직인다는 것은 참으로 많은 건축적 주제를 던진다.

이렇게 정리해도 똑바로, 분절하여, 합리적으로 지어지는 건축에서 '신체'는 여전히 흥미롭고 아리송한 개념이다. 바로 이 점이 언어 이전에 존재하는 많은 부분이 건축을 둘러싸고 있음을 뜻한다. 건축은 언어와 신체 사이에 있다.

1장

건축과 신체

생물학적인 신체도 나의 신체이고, 옷을 입은
신체도 나의 신체가 연장된 것이듯이, 미디어가
개입된 사회적인 신체도 또 다른 나의 신체다.

신체와 세계

신체 도식

의자를 이루는 요소를 '등판' '팔걸이' '의자 다리'라고 부른다. 이때 등, 팔, 다리는 사람의 몸에서 나온 말이다. 산에도 산허리, 산머리, 산등이라는 말을 쓰고, 기타라는 악기도 몸체, 목, 머리헤드라고 부위별로 나누어 부른다. 이는 영어로 산자락을 뜻하는 'the foot of a mountain' 같은 표현에서도 마찬가지다. 한편 전면이라고 하면 내 몸이 앞으로 나아가는 부분이고, 앞마당과 뒷마당은 집의 앞뒤 공간을 지칭하는데 내 몸을 기준으로 앞뒤를 설정한다. 건물만이 아니라 텔레비전이나 냉장고도 사용하는 사람과 대면하는 쪽을 정면으로 본다.

인체를 가장 잘 빗댄 물체는 차 사발일 것이다. 차 사발의 단면을 위에서부터 차례로 살펴보자. 사발의 둘레를 입입술이라고 하는데, 차 사발에 대는 신체 부위가 입이기 때문이다. 입에서 시작해 굽 바로 위까지를 '겉울몸통', 겉울의 중간 부분을 '배'라고 한다. 그 외에 어깨, 가슴, 허리, 허리붙이, 굽, 굽다리라는 용어가 포함되어 있다.

자전거를 탈 때 손은 핸들을 잡고 발은 페달을 밟는다. 크게 의식한 것은 아니다. 손과 발이라는 이 신체 부위는 독자적인 의지가 있고 서로 이어져서 행동을 위한 도식을 만들어낸다. 가령 악기를 연주한다거나, 모니터를 보지 않은 상태에서 컴퓨터 자판을 치거나, 걷는 행위가 이와 같다. 프랑스 철학자 모리스 메를로퐁티Maurice Merleau-Ponty는 이를 '신체 도식'이라고 불렀다. 그는 '신체 도식'을 신체의 공간적인 통일성만이 아니라, 세계와 신체의 유기적인 관계를 성립시키는 것으로 파악했다. 그리고 저서 『지각의 현상학Phenomenology of Perception』에서도 "신체 도식은 신체가 세계-내-존재世界內存在라는 하나의 표현이다."라고 말했다.

사람은 사고로 다리 한쪽을 잃어도 잃어버린 다리를 무심코 사용하려고 한다. 그러다가 지팡이를 짚게 되면 새로운 신체

도식이 생긴다. 이 도식은 몸에도 생기고 지팡이와 같은 도구나 주변의 사물에도 만들어진다. 메를로퐁티는 신체야말로 자신과 사물과 세계를 이어주는 것이라고 생각했다. 철학자 르네 데카르트René Descartes 이후의 근대철학에서는 스스로 의식이 있어도 신체를 주변 세계와 똑같은 객체라고 보았다.

그러나 메를로퐁티는 사과를 보고 만질 때 사과는 객체지만, 그 사과를 보고 있는 눈은 신체의 일부이며 주체라고 생각했다. 그러니까 무언가를 보는 동시에 보이기도 하는 것이다. 다른 사람과 악수할 때도 마찬가지다. 내가 다른 사람의 손을 쥐지만, 동시에 내 손은 다른 사람의 손에 쥐어진다. 신체를 주체로서 느끼면서도 객체로서 느끼는 것이다. 그래서 신체와 세계가 접하는 부분을 세계의 '살'이라고 말했다.

앞서 예로 든 지팡이는 문이자 계단이고 바닥이며 창이다. 또 길을 나타내기도 한다. 문과 계단에 대해 신체가 관계를 맺고 기억하며 도식을 만든다. 그리고 창에 비친 빛과 어둠, 공기와 소리 등 자연현상도 모두 신체를 경유하여 느끼고 느껴진다. 사람이 집에 대해 갖는 이미지는 신체에 대해 갖는 이미지와 무의식적으로 대응한다. 그래서 집은 신체를 은유하고, 신체는 집을 은유하는 것이다.[1] 그러므로 우리를 감싸는 모든 물질은 신체를 통해 접하는 세계의 '살'이다.

건축과 신체의 세 관계

사람은 살아 있는 몸을 통해 자신의 공간을 조직한다. 신체는 다른 신체와 관계하며, 외부로 힘의 선분을 뻗어간다. 또 자신에게만 머물지 않고 주변을 향해 연장되어 이동한다. 이것을 신체의 '운동'이라고 한다. 그래서 신체에 대한 인식은 건축에 대한 인식이었으며, 건축에 의미를 주는 중요한 원천이 되어왔다. 신체에 대한 인식이 달라지면 건축에 대한 인식도 바뀐다.

신체는 장소와 경험을 기억하고 시간을 인지한다. 건축이론에서 사람의 몸을 중심적으로 다루는 이유는 몸과 몸의 움직임이 둘러싸는 환경과 늘 반응하기 때문이다. 건축에서 중요하다고 여기는 공간과 장소, 물체의 크기, 스케일, 텍스처, 주거, 사회, 공동체 등이 모두 신체에서 시작한다. 건축을 한다는 것은 수많은 요소와 신체를 관련지어 물질로 만드는 일이다.

건축과 신체의 관계는 세 가지로 나누어 생각해볼 수 있다. 먼저 칠레 건축가 페르난도 페레스 오야르순Fernando Perez Oyarzun은 건축과 신체의 관계를 '거울'과 '망토'[2]라는 이미지로 나누어 설명했다. 첫 번째는 신체에 근거해 모방하거나 비유하여 짓는 건축이다. 구성과 아름다움 그리고 생명력까지도 신체는 건축의 궁극적인 모범이 된다. '거울인 건축'이라고 부르는 경우인데, 그 이유는 건물과 신체가 거울처럼 서로를 모방하기 때문이다. 두 번째는 건물이 신체를 감싸는 것, 건축을 신체의 연장으로 여기는 건축이다. 이 관점에서는 건물을 제2의 피부나 옷이라고 여긴다. 그가 '망토인 건축'이라고 부르는 경우다. 세 번째는 움직이는 신체가 건축을 통해 현상을 인식하는 건축이다. 움직이는 신체는 건축이 섬세하게 변화하는 현상을 지각할 수 있어야 한다.

신체의 비유

인체형상주의

인간은 자기가 만든 것에 자기 몸을 참조한다. 그렇게 신상을 만들고 지구 밖에 있는 상상의 존재를 묘사한다. 고대 그리스나 로마의 신들은 인간과 같은 모습이었으며, 구약성서 「창세기 1장 27절」에도 "하느님께서는 이렇게 당신의 모습으로 사람을 창조하셨다."고 되어 있다. 인간은 '신의 모습imago Dei'을 닮았다. 따라서 인체는 우주의 중심에 있는 가장 중요한 소우주이며, 완전히 조화를 이룬 창조물이라고 믿었다. 그렇다 보니 신체 윤곽이 건축물이나 도시와 같은 구축물에도 그대로 투영되었다. 건축의 전체성을 결정하는 근거를 사람의 몸에서 찾은 것이다. 이런 맥락에서 건축도 전체의 한 부분이지만, 그 자체가 하나의 전체성을 가진 것으로 여기게 되었다.

고전건축에서는 기둥뿐 아니라 건물 전체까지 사람의 몸을 모방했다. 인체는 소우주이며, 우주가 완전하듯이 사람의 몸을 이루는 부분과 전체의 기하학적 관계도 완전하기 때문에, 인체를 모방한 건축도 완전하다는 논리였다. 이처럼 고전주의 문화에서 인체는 절대적이며 전체성을 획득하는 기반이었다. 서구 건축에서 인체는 건축을 구성하는 여러 부분의 양적인 관계를 결정하는 기준이 되었다.

고대건축에는 건축가 마르쿠스 비트루비우스 폴리오Marcus Vitruvius Pollio의 『건축십서De Architectura』에 나오는 인체 비례론이 있다. 그는 사람 몸의 비례가 가장 완벽한 조화를 이룬다고 생각하여 각 부위의 비례를 구체적인 수치를 들어 기술했다. 발의 크기와 키의 관계처럼 기둥의 지름과 높이의 관계를 같게 하면 아름다운 비례를 얻을 수 있다고 여겼다. 신전에 대해서는 「제3서」에서 이렇게 말했다. "각 부분이 훌륭한 사람의 모습을 닮듯이 정확히 나뉘지 않으면 어떤 신전도 구성될 방법이 없다."

르네상스 시대에 이르러 인간주의적 지향성이 이상적인 신체를 상정하는 '인체형상주의人體形象主義, anthropomorphism'를 발전시켰다. 기하학과 우주론과 인체가 합체된 것을 '신·동물·사물을 의인화해서 보는'이라는 뜻의 '인체형상주의'라고 부른다. 도시와 건축은 인체 비례와 형태를 교회 평면에 응용하거나 원기둥의 미적인 분절에 응용했다. 인간이 세계를 관념으로만 바라보지 않고 구체적인 물체를 조직할 때 이렇게 자기 몸을 기하학과 관련지었다.

비트루비우스는 잘생긴 인간이 손과 다리를 뻗으면 배꼽을 중심으로 가장 완벽한 기하학 형태인 원형이 생기고, 양쪽으로 벌린 두 팔의 길이와 키가 같아 정사각형이 된다고 주장했다. 아름다운 비례의 근거에 대하여, 인체는 작은 것과 큰 것의 신비한 조응관계를 밝혀주는 열쇠가 되었다. 르네상스 시대 사람들이 원과 정사각형에 대하여 인체가 어떤 크기로 공통 부분을 갖는가를 그린 것이 〈비트루비우스의 인간상L'Uomo Vitruviano〉이다. 이탈리아 화가 레오나르도 다 빈치Leonardo da Vinci와 체사레 체사리아노 Cesare Cesariano 등은 이를 그림으로 나타냈는데, 다 빈치의 그림은 원과 정사각형에 각각 다른 동작을 맞추었지만, 체사리아노는 원에 내접하는 정사각형에 사람의 몸을 맞추어 그려서 몸동작이 자연스럽지 못하다.

비트루비우스는 『건축십서』에서 오더order의 기둥을 인간에 빗대어 말하고 남성적 양식과 여성적 양식으로 설명했다. 도리아 식Doric order 기둥을 남자로 비유했는데, 오더를 신체와 관련하여 생각했기 때문이다. 성의 수사법을 사용한 것은 기둥에서 건물 전체로 확장되었다.[3] 예를 들면 18세기 프랑스에서는 좋은 건축은 남성적이라 하고, 로코코Rococo는 여성적이라며 공격했다. 고전주의 건축은 건물의 구성을 인체에 겹쳐 놓고 바라보는 상상력도 발휘하였다. 기단부, 주층, 최상층 등 고전적인 3층 구성을 다리, 몸통, 머리에 대응시켰다. 고딕 양식을 두고는 '땅에서 사는 식물'이라고 했는데 르네상스 양식은 '서 있는 사람'으로 보기도 했다.

교회의 평면이나 단면 또는 배치에도 정면에서 본 인체를 참고했다. 그리고 양팔 벌린 모습을 넣어 그 형태를 결정한 원리로 삼았다. 스페인의 엘 에스코리알El Escorial도 원 안에 인체를 그려 넣으면, 팔과 발끝이 궁전의 직사각형 꼭지점과 일치할 뿐 아니라 가슴과 머리 위치가 궁전의 주요 부분과 일치하고 있음을 보여준다. 중국에서도 원림園林을 만들기 위해 배와 손 그리고 머리라는 인체의 위치를 정원의 규모로 확장하여 신체가 전체를 이끌어 내도록 했다. 일본에서는 선종의 칠당가람七堂伽藍을 인체 표현으로 생각했다. 남쪽에서 위로 올라가며 만나는 산문山門, 불전, 법당 등이 각각 사람의 머리, 마음, 배 등으로 할당되었고, 두 손은 불전에서 산문에 이르는 회랑을 나타냈다.[4]

인체형상주의의 질서와 비례, 위계는 고전주의만이 아니라 근대주의에도 여전히 남아 있었다. 1930년 건축가 르 코르뷔지에 Le Corbusier의 '빛나는 도시Ville Radieuse'에서도 여전히 도시의 전체성을 인체에 비유한 모습을 찾아볼 수 있다. 그가 이 계획을 설명할 때 그린 스케치를 보면 십자형 마천루 열여섯 개는 머리, 문화의 중심은 가슴, 좌우의 주거지역은 폐 등으로 의미를 부여했다.

근대의 휴머니즘humanism에서도 사람이 주체이고 중심이었다. 근대인은 자립한 개인이었다. 그 결과 근대건축의 대부분에는 개인을 중심으로 하는 생활이 묘사되어 있다. 그러나 이 개인은 어디까지나 보편적이며 이상적인 존재였다. 1960년대에 들어 근대건축이 비판받으면서 상황은 달라졌다. 르 코르뷔지에의 한쪽 손을 들고 자기의 존재를 구가하는 인간척도체계, '모뒬로르 맨Modulor Man'은 더 이상 인체를 대변하지 못했다.

유기적–기계적인 신체

20세기 초의 '유기적 건축'은 근대적인 개념의 신체에 근거하였다. 곧 장기organ는 특정한 기능이 서로 대응한다는 단순한 기능주의에 따른 것이다. 이러한 생각에서 신체 안에 장기가 제자리를 잡듯이, 방을 구분하고 다시 이었다. '유기적'이라 하면 무언가를 구분하지 않고 연속된 형태를 추구하는 것처럼 보이지만, 실은 기능주의의 근간을 이루는 개념이었다. 유기적인 것은 단순히 자연이나 자연 소재와는 다르다. 부분이 모여 전체를 구성하고, 밀접하게 연결되어 하나의 통일체를 만드는 개념이다.

근대건축에서 '유기적'이란 미국 건축가 프랭크 로이드 라이트Frank Lloyd Wright의 '유기적 건축'이나 독일 건축가 한스 샤로운Hans Scharoun의 '유기적 형태'를 뜻할 때도 있으나, 신체의 운동과 기능, 신체 부위나 기관 자체의 고유한 기능이 전체로 연결되는 모습을 말한다. 신체가 심장, 간장, 대장 등의 기관으로 되어 있듯이, 기계도 기능의 단위로 조직되어 있다고 보는 것이다. 따라서 신체는 부분의 기계화된 시스템으로 이해되었다. 건축도 이와 같이 서로 다른 기관으로 구성된 것으로 보고 위생, 에너지, 위치, 최소한의 용적 등을 기계적으로 분해한다고 생각했다.

공업화와 대량생산이 이루어진 시대적 요청에 따라 건축에도 인간공학이 도입되었으며, 신체의 동작이 공간의 치수로서 수치화되었다. 이러한 인간공학적인 신체에 근거하여 두 번째 신체와도 같은 쾌적한 공간을 제안한 것이 건축가 발터 그로피우스Walter Gropius의 규격화 주택이었다. 또한 근대주의 건축은 행위와 공간이 일치해야 한다는 객관적인 논리를 펼쳤다. 이처럼 일대일로 대응하는 것이 기능주의였다. 처음에는 행위에 공간이 대응한다고 했으나 결과적으로는 공간으로 행위를 규정했다. 신체는 형태나 공간의 규모에 관한 합리성의 근거로 취급되었다. 신체의 스케일을 말할 때면 양팔을 편 길이, 팔꿈치에서 손끝까지의 길이와 같은 합리적인 크기로 실제 방의 크기를 결정했다.

각각 독립된 부분 시스템이 결합하여 전체를 이룬다고 생각한 인물은 르 코르뷔지에였다. 그는 저서 『프레시종Precison』에서 시스템에 따른 구성을 말한다. 근대 이전의 방식은 부분이 강하게 결합되어 "마비되어 있다." 이 방식은 조각을 머리와 팔 그리고 다리 등 각각의 부분으로 생각하는 경우다. 그러나 근대의 자유로운 주택은 시스템으로 구성된다. 이는 인체가 근육 시스템, 뼈 시스템, 내장 시스템으로 구분되듯이 건축을 외벽 시스템, 골조 시스템, 볼륨 시스템 등으로 나누고, 이를 결합하는 방식을 말한다.

그가 설계한 사보아 주택Villa Savoye은 이 몇 가지 시스템체계이 서로 겹쳐진 결과다. 이 주택을 도해한 그림은 각각 공간 시스템, 가구 시스템, 외피 시스템, 순환 시스템이 겹쳐 전체를 이루고 있음을 나타낸다. 1층은 밖으로 노출된 구조에 볼륨이 내포되어 있으나, 2층은 평탄한 면으로 둘러싸인 완전한 입체 속에서 자유로이 구사되어 있다. 옥상은 단지 다양하게 구성된 볼륨으로 이루어져 있다. 말하자면 이 주택은 구조와 면과 볼륨이 각 층의 주제가 되어, 수직적으로 중합되며 서로 충돌하는 것이다.

그러나 코르뷔지에가 "주택은 살기 위한 기계A house is a machine for living in."라고 했을 때도 건축은 그 안에 사는 사람의 몸을 연장한 것이다. 신체와 순환circulation에 대한 유추가 있었다. 그리고 건축이나 도시 공간을 신체에 비유하기 시작했다. 건축과 도시는 유기적인 통일성을 유지하는 원리로 '순환'을 꼽았다. 순환은 신체와 주택과 도시를 포함하는 연속체를 이루는 방법이었다.

신체와 모뒬로르

르 코르뷔지에가 고안하여 특허까지 낸 '모뒬로르Modulor'는 황금 비를 신체에 연결하여 건축적 치수를 나타내고, 아름다운 비례를 자동적으로 생성하는 시스템이다. 이로써 건축에서 전체를 이루 는 20세기적 전망을 제시했다. 오늘날에는 이에 대한 논의나 평가 가 거의 없다. 그러나 추상적이고 시각적인 비례는 기능적이며 생 산적인 신체의 치수가 되었다. 황금비는 잘 알려진 대로 고대 그 리스시대부터 시각적인 비례를 통제하고 있었다.

모뒬로르는 『건축십서』에서 언급된 모둘루스modulus라는 건축의 일부 요소를 규정하는 단위와 황금비section d'or의 개념을 합쳐 만든 조어다. 신체 치수와 건축 모듈의 관계는 신체에 대한 가장 간단한 참조다. 이는 대량생산과 공업 제품의 표준화와 규격 화에 연결된다. 건축에서 치수dimension와 관련해 크기, 스케일, 비 례라는 용어가 사용된다면, 모듈은 건축의 치수 단위로 사용된다.

모뒬로르는 공간에서 손을 들고 걷는 226센티미터 사람을 포함하는 기하학 도형이다. 정사각형 두 개를 선택했다는 것과 인 체 비례에서 황금비의 계열을 도출했다는 것, 키가 183센티미터 인 사람을 인체 기준으로 선택했다는 것이 그 특징이다.

모뒬로르는 인체의 치수, 피보나치 수열Fibonacci Numbers, 황금 비로 구성되어 있다. 구체적으로는 다 빈치의 인체비례도를 모방 하여 한쪽 팔을 든 인체의 손끝에서 온몸의 길이를 황금비로 나 누었다. 또 배꼽의 높이가 황금비인 것에 주목하여 신체 치수가 피보나치수열을 사용하여 분할되는 독자적인 치수 체계를 전개했 다. 여기에서 두 개의 척도 계열이 생긴다. 183센티미터짜리 정사 각형에서 나온 피보나치수열의 수 43, 70, 113센티미터빨간 수열와, 그 두 배짜리 정사각형에서 생긴 또 하나의 피보나치수열의 수 86, 140, 226센티미터푸른 수열이다.

그는 실제로 롱샹 성당Chapelle de Ronchamp의 유기적인 형태나 1960년 라 투레트 수도원Couvent Sainte-Marie de La Tourette의 복잡한 창문 나누기 등을 통해 모뒬로르로 설계한 건축의 기능적이며 시각적인 유용성을 증명했다. 그중에서도 1952년 마르세유Marseille의 '유니테 다비타시옹United d'Habitation'에서는 폭 366센티미터, 깊이 2,095센티미터, 층높이 226센티미터인 2층짜리 표준 주거 단위를 구성했다. 여기에는 입면, 단면 계획부터 단위 평면 계획, 배치 계획, 가구, 콘크리트 차양인 브리즈솔레이유brise-soleil에 이르기까지 철저하게 모뒬로르가 사용되었다.

벽돌이나 목재가 아닌 근대적 공업 기술로 건설되는 근대건축 초기에는 부재를 새로 정해야 해서 치수가 아주 중요했다. 그리고 '최소한의 주거'가 근대건축가에게 중요한 테마였다. 이런 배경에서 모뒬로르는 부분과 전체의 질서만이 아니라 모든 생산품의 국제 물류에 대한 표준화로 제시되었다.

그러나 모뒬로르에서는 모든 수치가 의미 있지 않고 설계에 사용하는 치수가 한정적이었다. 다만 전체→부분, 부분→전체로 치수를 선택하고 더해서 사용할 수 있으므로 한정된 치수를 얼마든지 조합할 수 있는 비례 체계였다. 고전주의의 비례는 모듈에서 생긴 단순하고 정적인 비례였지만, 모뒬로르는 정사각형과 황금비를 기초로 인체의 치수와 합친 동적인 비례였다. 그러나 이것을 동적인 비례라고 말하기에는 한계가 있다. 모뒬로르의 치수는 절대적으로 모든 수에 대한 것이 아니라, 두 계열의 피보나치수열에서 선택된 것이다.

모뒬로르는 규격화·표준화·양산화에 대처하기 위한 근대적인 도구다. 이것은 미터법과 피트법으로 양분된 국제 체계를 극복하고 표준화하는 역할도 했다. 그렇지만 새롭게 보급되기에는 현실적이지 못했다. 고전건축이 모든 방향으로 비례를 정했던 것과는 달리, 모뒬로르는 좌우 수치 없이 위아래 수치만을 다룬 비례 체계다. 부분적인 치수의 합산만이 가능한 이 비례 체계는 가구와 방의 관계, 방과 구조체의 관계, 공업화 등 건축 조형 세계의 전체를 규정짓지 못했다. 따라서 이 비례 체계는 부분적이며, 부분적인 치수의 합산이야말로 코르뷔지에가 제안하는 모뒬로르였다.

모뒬로르에서는 사람이 손을 들고 서 있다. 그리고 그가 걷는 것처럼 보여도 실은 그저 위를 향해 손을 들고 있을 뿐이다. 어깨는 지나칠 정도로 크고 들어 올린 손도 아주 크다. 그러나 이 사람은 수직선이라는 힘을 나타내며 서 있는 땅은 그 힘이 작용하는 평면이다. 땅 위에 홀로 선 이상적 인간상이 바탕이 된 비례 체계였음을 기억해야 한다. 말하자면 고전주의 정신의 흔적으로 남아 그 명맥을 유지하는 비례 체계가 바로 모뒬로르이며, 이는 인본주의 건축이 보여주는 최후의 비례 체계다. 그러나 우리는 모뒬로르를 이렇게 비판할 수도 있다.

온뒤라트와르의 비례 지각

신체의 치수라고 하지만 신체가 어디 그런가? 이리 움직이고 저리 움직여 포착하기 어려운 것이 사람의 몸이 아닌가? 이 동작과 다음 동작 사이에는 규정할 수 없는 모호함이 있어서, 신체의 치수 역시 상대적이고 모호할 수밖에 없다. 그러면 동작을 기준으로 비례의 치수를 사용한다는 것이 무슨 의미가 있느냐고 반문할 것이다. 그러나 이렇게 수치를 나열하고 선택하고 모호하게 머물지라도, 모뒬로르가 신체에 느슨한 질서를 주려고 했다는 것마저 부정할 수는 없다.

라 투레트 수도원 서쪽 바깥에 있는 공적 공간의 입면과 성당으로 이어지는 중정의 십자로 복도 입면에는 '온뒤라트와르 ondulatoires'라고 이름 붙인 창이 있다. 번역하면 '파동의 유리면'이 될 것이다. 온뒤라트와르는 수직의 멀리온mullion으로 구획된 유리면이 모뒬로르의 치수 간격을 조합한 것이기에 우연을 가미하여 설계한 개구부 시스템이다. 언뜻 보면 제멋대로 창을 나눈 것처럼 보이지만, 실제로는 20-27-33-43-53-70-86-113-140이라는 모뒬로르의 치수 배열을 고려했다. 또 이것은 코르뷔지에를 도와 건축 설계를 한 작곡가 이안니스 크세나키스Iannis Xenakis가 음악을 작

44

곡하듯이 해석한 작품이기도 하다.

온뒤라트와르는 수평 방향으로 강한 운동성과 함께 정지하는 감각을 유발하는 것으로도 유명하다. 움직임을 전제로 한 공간에 이런 창을 디자인함으로써 경사진 바닥면에 늘어뜨린 그림자의 리듬감도 볼 수 있다. 신체와 관련된 모뒬로르에서 나온 건축의 치수라고 하면 경직되어 보이지만, 반대로 자유로운 리듬감을 보여준다는 점에서 치수와 비례, 창의 물질, 움직임 그리고 빛과 그림자를 함께 보여주는 탁월한 예라고 하겠다.

앉는 높이, 선 높이, 손에 쥔 손잡이, 쉽게 열 수 있는 서랍의 크기가 어느 정도 정해져 있다. 문이나 창문도 아주 작거나 크지 않다. 신체는 연속적으로 움직이는 듯이 보이지만 실제로는 불연속적이다. 따라서 모든 치수가 건축에 의미 있는 것은 아니며 제각기 차이가 있다. 오늘날 전혀 관심을 두지 않는 피보나치수열을 생각해보자. 이는 연속하지 않으면서도 의미 있는 치수로 조금 더 자유로워지기 위한 것이었다고 이해할 필요가 있다. 마찬가지로 르 코르뷔지에가 모뒬로르로 일정한 치수를 발견하려는 데는 '차이'를 선택하고 '자유'를 조형한다는 의도가 있었다.

신체의 연장

신체-주택-우주

건축의 부위도 신체에 빗댄 부분이 많다. 이를테면 창은 눈이고 출입구는 입이다. 전통적으로 건축의 정면에서 파사드façade를 얼굴에, 창을 눈에 비유했는데 장식이 있는 창은 눈썹에 비유했다. 이런 간단한 연상 작용에서도 신체는 늘 등장한다. 오스트리아 건축가 아돌프 로스Adolf Loos의 '로스 하우스'에서 장식 없이 평활하고 무표정한 벽면을 두고 사람들은 '눈썹이 없는 집'이라고 했다.

공간의 크기, 벽의 두께, 구법상의 모듈과 같은 크기의 문제나, 인체에 견준 비례 형태와 같은 구성상의 논리 모두 신체와 관런되어 있다. 건축 용어인 '골조skeleton, frame'처럼 구조적인 관계에서도 건물을 신체로 보았다. 벽의 표면은 벽면壁面인데, 영어로는 'the face of a wall' 곧 벽의 얼굴이라고 한다. 파사드는 외관의 주요한 부분으로, 일반적으로는 출입구가 있는 정면을 말한다. 영어로 'face'와 어원이 같아 건축물의 '얼굴'이 된다. 건축에서는 부재部材를 'member'라고 하는데 이는 동물이나 사람의 지체肢體를 말한다. 또 어떤 건물이 실제로 존재하는 기간을 일컫는 '건물 수명'이라는 표현도 사람의 수명을 차용한 것이다.

건축은 사람의 몸을 둘러싸는 현상을 담으며 또 그것은 현상으로 나타난다. 오전에 커피숍에서 창가에 기대어 앉아있을 때 창밖에서 비추는 빛과 나뭇잎, 공간을 메우는 냄새. 이 모든 것이 그 안에서 나타나는 현상이다. 건축에 사람이 개입하고, 그 사람이 온몸으로 빛과 공기와 소리와 냄새를 경험할 때, 사람은 비로소 존재하고 있음을 확신한다.

건축이 사람의 생활을 담지 않고 사람의 몸을 담지 않는다면, 신체가 그 안과 밖에서 어떤 경험을 하는지 관심 가질 필요가 거의 없다. 그런데 신체는 경험의 중심에 있다. 사람은 방 안에 살고 건물 안에 살고, 공간에 앉아 있거나, 거리를 걸으며 도시를 대한다. 내 몸으로 물체와 공간의 크기를 비교하고, 내 눈이 공간과 장소의 물체를 인식한다. 내 손이 문 손잡이와 난간을 잡고, 내 발이 바닥의 편평함과 넓이를 감지한다.

오래전부터 집은 신체의 연장이고 이것이 마을을 거쳐 우주에 이른다고 보았다. 인도는 '바스투 비드야vastu vidya'라는 원칙에 따라 출산하는 여자의 자세를 모방하여 집을 지었다. 가장 깊은 곳에 숨은 방이 머리, 그 앞에 있는 공간을 칸막이한 판은 가슴, 방 한가운데 천장에서 망을 늘어뜨리고 있는 큰 방은 배, 큰 방 좌우의 방은 양팔, 입구 내부의 좌우에 있는 방은 두 다리가 되도록 칸막이를 만들었다. 이 주택에서도 한가운데는 창조신의 자리이므로 방이 아닌 중정을 두고, 머리 부분인 동북쪽은 중정 다음으로 신성한 장소여서 제사방을 둔다. 다리에 해당하는 남서쪽에는 부정한 화장실을 두며, 남동쪽은 불의 신이 관장하므로 부엌을 둔다. 그리고 남쪽은 죽음의 신의 영역이므로 입구를 두어서는 안 된다는 식이다.

이를 보고 '신체-주택-우주'라는 도식이 전근대적인 발상이라고 할 수는 없다. 한편 근대건축에서는 '신체-기능-기계'라는 관계에서 기계를 은유적으로 사용한 사회가 신체를 통하여 기능주의 건축을 낳았다. 그런가 하면 현대건축에서는 '신체의 의식-양상-전자 장치'[5]라는 관계에서 신체가 의식으로 치환되고, 일렉트로닉스에 대한 은유가 의식을 통하여 양상이라는 개념을 갖춘 건축을 만들어낸다.

포르투갈 건축가 알바로 시자Alvaro Siza는 스케치북에 그림*을 그렸다. 눈에 보이는 것만 그린 게 아니다. 그림을 그리고 있는 손과 신체의 일부인 다리까지 그려가면서 방에 있는 책장과 벽과 바닥은 물론이고, 창밖으로 보이는 풍경도 그렸다. 마치 광각 렌즈로 방 안을 찍듯이 신체를 포함하여 눈에 보이는 모든 부분을 그린 것이다. 이렇게 그리는 이유는 신체가 환경의 일부이며, 그리는 자신은 환경을 조정하는 자가 아니라 환경의 일부라는 것을 인식하기 위해서다. 또 이런 스케치도 있다. 그림을 그리고 있다. 그런데 그것을 그리고 있는 자신이 이미 종이 위에 그려져 있는 것이다. 이는 보는 신체이기도 하지만 동시에 보이는 신체이기도 하다는 메를로퐁티의 생각을 건축 공간 안에서 실천하겠다는 의지다. 메를로퐁티는 "우리의 몸을 통해서 우리는 세계를 선택하고, 세계는 우리를 선택한다."고 말한 바 있다.

신체와 의자

식탁은 큰 것이 좋다. 식탁이 크면 식사 이외에도 작업을 하거나 독서를 할 수 있다. 또 커피를 마시며 여유를 즐기고, 아이들의 조립식 장난감을 함께 만들 수도 있다. 이런 의미에서 식탁이라는 가구는 제2의 거실이다.

건축가는 새 주택을 지을 때 건물과 일체화된 가구를 만들어준다. 하지만 이는 건축가에게 속한 가구이지 엄밀하게 사는 이에게 속한 가구라고는 볼 수 없다. 어쩌면 건축가의 강요로 비치진 않을까 한 번 더 숙고해야 한다. 사는 이에게는 특별히 좋아하는 가구, 새집으로 이사할 때도 여전히 챙기는 가구가 있게 마련이다. 이런 가구는 이미 신체화되었다고 말할 수 있다. 가구가 신체의 일부가 된 것이다.

건축은 땅에 고정되어 있지만 가구는 움직일 수 있는 도구다. 가구는 인체와 다른 사물에 가깝게 닿아 있으며, 사람의 활동과 건축 공간 사이에 있다. 그런데 가구 중에서도 몸과 가장 직접적인 관계를 가진 것이 의자다. 의자는 옷 다음으로 몸에 가깝다. "의자는 아주 어려운 물체다. 이에 비하면 마천루가 훨씬 쉽다. 이것이 치펜데일Chippendale 의자가 유명한 이유다." 건축가 루트비히 미스 반 데어 로에Ludwig Mies van der Rohe의 말은 그만큼 의자가 신체에 민감한 물체라는 뜻이었다. 그래서 의자에 대해 생각하는 것은 사물과 신체와 공간이 어떻게 직접 만나는가를 알아보는 데 유익하다. 일반적으로 건축에서는 가구에 그다지 관심을 두지 않는다. 건물이 다 지어진 다음에 들여오는 것으로 보기 때문이다.

가구가 만들어내는 공간이 있다. 가구는 밖으로 드러나는 물체이며, 그 물체에는 신체가 가지고 있는 공간이 잠재한다. 오랫동안 사용한 가구는 집 안에서 지정석과 같은 역할을 하며, 사용자의 신체도 암시해준다. 가족의 식사 자리에 아버지가 함께하지 못할 때는 아버지의 의자가 아버지를 대신한다. 의자는 단지 앉기 위한 도구가 아니다. 이때 의자는 그곳에 없는 신체를 암시하는 부재不在의 기호다.

또 신체는 의자를 사용함으로써 공간을 생성한다. 같은 강의실이라도 일렬로 놓은 의자, 둥글게 모여 있는 의자, 정사각형 형태로 마주 보는 의자가 서로 다른 공간을 만든다. 실제 생활에서 가구를 사용하는 사람의 몸이 구성하는 공간을 의자의 배열이 나타낸다. 이처럼 신체는 스스로 개입하여 공간을 만들고, 또 그 안에서 공간을 사용하는 것도 신체다.

신체란 세계를 구성하는 통로지만 기술을 구사하며 직접 도구도 만든다. 신체가 만든 도구는 몸의 특징을 반영한다. 신체는 가구를 규정하며, 가구를 만드는 기술도 신체의 제약을 받는다. 또한 이 도구가 다시 몸에 적용되면 그것이 만들어진 개별적인 문화의 의미도 나타낸다. 따라서 의자와 같이 신체와 밀접한 관계가 있는 가구는 전통과 관습, 문화를 상징한다. 가구의 역사는 곧 문화의 역사가 되기도 한다.

유럽의 역사를 살펴보면 의자에 등받이가 있다. 고대 그리스에서는 나무를 굽히는 기술 덕분에 안락의자를 만들 수 있었으나 중세에는 이런 전통이 사라졌다. 그러다가 17세기에는 등받이를 약간 뒤로 하고 직선이었던 가로대가 곡선이 되어 나타났다. 또 의자에 앉았을 때 기분이 좋아지도록 의자와 쿠션을 일체화시켰다. 쾌락을 요구하는 신체를 배려한 변화였다. 그러나 의자에는 계급적인 의미도 있었으며, 건축의 일부처럼 신체를 구속하는 것이기도 했다.

의자에 앉는 것은 권력과 밀접한 관계가 있다. 의자 높이와 크기에는 위엄이라는 코드가 있어서 앉는 자세와 서는 자세에 영향을 미친다. 옥좌는 계단 위에 놓이지만 신하는 선 채로 있었고, 사장은 앉아 있지만 비서는 서서 용건을 들으며, 의사는 큰 의자에 앉지만 환자는 작은 의자에 앉는다. 대성당을 'cathedral'이라고 하는데, '카테드라cathedra'라는 주교가 앉는 의자가 있는 성당을 뜻한다. 그래서 대성당은 다른 말로 주교좌座성당이라고 한다. 왕족이나 귀족이 앉는 의자는 편안하게 하려고 등받이가 뒤로 기울어 있지만 너무 젖히면 위엄을 잃게 된다. 의자는 편안함과 위엄, 즐거움과 괴로움을 함께 나타낸다.

한편 의자는 공간의 장場을 다시 생각하는 방식이 된다. 공간의 형상과 크기를 미리 정해 놓고 그 안에 의자를 배치한다기보다, 의자를 배치하고 그에 맞는 공간의 형상과 크기를 생각한다면 의자가 미처 생각하지도 못한 장을 보여줄 수 있다. 의자를 배치하되, 개수와 배열만 다룰 것이 아니라 그 의자에 누가 어떤 자세로 무슨 일을 하려고 앉을까를 구체적으로 머리에 떠올려보자.

이는 사람의 몸과 생활을 감싸는 것만이 건축이 아니라, 신체가 움직이는 장소와 궤적을 그대로 공간으로 바꾼다는 사고에서 나온 발상이다. 의자가 열 개 있다면 그것들이 모이는 방식이 사람이 모이는 방식을 대신 나타낸다. 의자의 배치로 행위를 정의하면 공간을 느슨하게 그리고 구체적으로 바라보게 된다.

옷과 건축
반응하는 옷

집은 신체를 에워싸며, 사람과 바깥 세계를 이어준다. 작고 부서지기 쉽고 의지할 곳이 있는 사람과 그 바깥의 거친 환경 사이에서, 둘을 부드럽게 이어주는 것이 건축이다. 집은 신체가 이 세계 한가운데 있음을 알게 해준다. 특히 해가 지고 어두워지면 집은 몸을 에워싼 옷만큼이나 가깝게 느껴진다. 이런 사실을 더욱 깊이 생각하면 건축은 사람의 살갗에 더욱 가까이 와 있으며, 사람은 자신의 피부와 같은 존재로 건축을 다시 생각한다.

본래 건축과 옷은 공통점이 많다. 우리 몸은 먼저 피부로 덮여 있고 그 위를 옷이 덮는다. 다시 그것을 가구나 방이 감싸고 또다시 건축으로 감싸며 외부 공간으로 감싼다. 이를 도시와 자연이 감싸고 지구의 대기권이 전체를 감싸고 있다. 그뿐 아니다. 해로운 자외선으로부터 보호해주는 오존층이 있다. 이것이 우리가 바깥에 입고 있는 '옷'이다. 몸에서 시작하여 겹으로 입은 모든 층이 인체와 외부 환경 사이에 작용하는 필터이며, 필요한 것은 투과시키되 필요하지 않은 것을 배제하고 있다.

옷은 날씨나 온도 변화에 따라 벗거나 입는다. 주거는 그 위에 입고 있는 또 다른 옷이다. 집은 옷과 비슷한 조절 장치가 있어서 문을 올리고 내리고 젖히면서 만들어졌다. 그러던 것이 이제는 개구부를 고기밀화하여 아예 내외부 공간을 철저하게 단절시키는 쪽으로 발전해가고 있다.

1980년대 이후에는 건축과 옷에 대해 더 많은 논의가 이루어졌다. 〈스킨 앤드 본즈Skin and Bones〉라는 이름으로 건축과 패션을 다루는 전시가 있었다. 여기서 '피부'와 '뼈'는 사람의 신체만을 뜻한 것은 아니었다. 이는 '표면'과 '구조'를 은유한 것으로 여러 분야에서 이런 표현을 볼 수 있었으나 그중에서도 건축과 패션이 가장 가까웠다. 이 둘은 개인을 넘어 집단에 이르기까지 여러 단계에서 아이덴티티 형성이 중요한 역할을 한다는 점, 외부 환경으로부터 사람의 몸을 보호하는 셸터shelter의 역할을 한다는 점에서 아주 유사하다. 이 둘 사이의 다른 점이라면 신체를 감싸는 데 천을 사용하는가, 돌이나 나무를 사용하는가의 차이가 있다.

건축을 옷으로 생각하면 두 가지 관점에서 건축을 다시 생각할 수 있다. 먼저 옷은 피부에 대해 밖도 되고 안도 된다. 곧 안이면서 밖이라는 사실이다. 건축물은 옷과 달리 신체와 건물 사이에 공간이 있고 그 안에 공기를 담고 있다. 따라서 그 공기를 어떻게 생각하고 갱신하는가가 주제가 될 것이다. 다른 하나는 건물의 표면이 외부 환경에 대한 감각을 직접 받아들이는 것이다. 폴리우레탄 수영복, 탄소섬유 등 경기용 압착형 수영복은 옷에 대한 감각 없이 물의 감각을 신체에 온전히 전하는 것이라고 한다. 이것을 건축으로 바꾸어보면 건축의 표면이 외부 환경을 어떻게 그대로 전달하는가에 관한 것이라고 할 수 있다.

건축물은 여러 가지 재료와 견고한 구조로 지어지는 구축물이지만 사람을 위해 존재한다. 결국 사람이 들어가 있는 공간인 건축물은 사람이 입는 가장 커다란 옷인 셈이다. 옷을 갈아입고 일하고 쉬듯이, 이 방에서 저 방으로 옮겨 다니며 방이라는 옷을 갈아입는다.

어떤 옷이든 구멍이 나 있다. 구멍이 나 있지 않은 비닐로는 비옷 정도를 만든다. 한여름에 입는 옷에는 구멍이 숭숭 뚫려 있고 겨울에 입는 옷은 구멍이 촘촘하다. 건축과 토목은 어떻게 다른가? 이는 참 많이 듣던 질문이다. 사람, 공기, 물, 나무 등 생명을 다루는 건축에는 창이 있으나 무생물을 다루는 토목은 창이 없다. 바꾸어 말하면 토목은 어떤 구멍도 만들어서는 안 되지만, 건축은 송송 뚫린 구멍, 숭숭 뚫린 구멍, 빼꼼히 뚫린 구멍, 뻥 뚫린 구멍이 없으면 안 된다.

옷은 앞뒤의 면, 안팎의 면이 있다. 바깥 면은 몸을 가려주는 동시에 아름다운 색깔과 문양으로 밖을 향해 돋보이게 해준다. 안면은 피부에 부드럽게 닿는다. 몸을 감싸는 옷에는 고유한 촉감이 있다. 새틴은 보드랍고 매끄러우며, 앙고라는 아늑하고 포근하고 부드럽고, 알파카는 투박하고 거칠고 묵직하며, 홈스펀은 까슬까슬하고, 태피터는 바삭바삭하며, 데님은 뻣뻣하다.

사물은 모양을 가지고 움직이며 소리를 낸다. 건축물이 안팎에서 사람을 감싸도록 사물을 구축하는 것이라면, 눈과 손은 사물의 모양에 멈추고 귀는 자연현상 속에서 사물의 소리를 듣는다. '뒤뚱뒤뚱'이라고 하면 물체가 정지해 있을 때는 크고 묵직하지만, 움직일 때는 중심을 잃고 가볍게 이리저리 기울어지며 자꾸 흔들리는 모습을 나타낸다. 사물의 모양이나 움직임을 흉내 내어 만든 말이 의태어고, 사물의 소리를 흉내 낸 말이 의성어다. 의태어와 의성어는 특정한 사물을 묘사하는 것 같지만 사물 자체를 나타내기도 한다. '짹짹'은 참새이고 '멍멍이'는 강아지이며 '꼬꼬'는 닭이고 '꿀꿀이'는 저금통이다.

건축을 전문으로 하는 사람들도 다 알지 못한 것이 참 많다. "건축은 신체와 연결되고, 현상은 감각으로 인식된다. 재료에는 물성이 있고 표면과 표층을 외피로 감싼다. 외부 환경에 대하여 더블 스킨double skin으로 해결하고 투명한 재료로 반구축을 실천한다." 건축은 몸에 반응하고 옷과 같은 것이며 말을 건네는 것이라고 하면서도, 정작 건축이 그렇게 존재해야 하는가에 대해서는 정말 어렵게 말한다. 사물을 추상적으로만 다루기 때문이다.

건축물은 말을 한다. 견고한 재료와 구조로 지어진 구축물이 무슨 말을 하느냐고 물을지 모르겠으나, 사람은 지나가는 구름, 스쳐가는 꽃 하나에도 말을 건다. 구름과 꽃이 사람과 사물에 말을 거는 것을 '시'라고 하지 않는가. 그렇다면 매일 그 안에서 생활하는 건축물의 벽과 창과 문과 물질이 우리에게 말을 걸지 않을 리 없다. 동화책에서 의태어와 의성어로 사물이 무엇인지 알려주듯이, 건축물은 의태어와 의성어로 말하기 시작한다.

건축물을 의태어와 의성어로 표현했다는 것이 중요한 게 아니다.[6] 건축물은 사물의 존재를 넘어 옷처럼 감싸고 감각을 전달하며, 사물은 사람과 환경, 자연에 동화되어야 한다. 나의 신체와 다른 사람의 신체, 우리를 둘러싸는 건축물과 그것이 이루는 자연환경 그리고 건축물을 의태어와 의성어로 표현하는 것은 이 모든 것이 단절 없이 하나로 이어질 수 있어야 한다는 의미다.

옷은 남이 정해주는 것이 아니며 스스로가 선택해서 입는다. 마찬가지로 건축도 스스로 정해서 세우고 그 안에서 살아간다. 또 옷은 나를 가리고 남에게 보여주기 위한 것이다. 건축 역시 사적인 공간을 가리고 공적인 영역은 드러내는 것이다. 신체가 옷을 입고, 건축이 신체를 감싼다.

따라서 건축과 옷은 신체와 도시를 이어주는 인터페이스이며, 도시에 깊이 관여한다. 최근 패션 디자이너들이 신체와 의복의 공공성에 주목하거나 홈리스homeless 등의 사회문제에 관심을 갖는 것도 이 때문이다. 건축과 옷에 대한 이러한 접근은 사적인 장과 공적인 장이 인체를 매개로 직접 접촉하는 상황을 만드는 계기가 된다.

감싸는 옷

현대사회에서는 모든 것이 변화하고 갱신된다. 건축에 대한 가치관도 참으로 다양하다. 장소에 구속되지도 않고 균질한 도시 안에서 생활하는 사람들에게 공통되는 것, 누구나 공감할 수 있는 보편성은 '신체'에 관한 것이다. 사람은 신체와 함께하며 신체로부터 벗어날 수 없다. 그런데 그 신체가 이중적이다. 신체는 지금 살고 있는 시대를 반영하면서도 근원적으로 바뀌지 않는다.

미디어이론가이자 문화평론가인 허버트 마셜 매클루언 Herbert Marshall McLuhan은 미디어론에서 미디어나 기술이 신체의 확장이라고 말한 바 있다. 라디오는 귀를 확장한 것이고 자동차는

다리를 확장한 것이라고 파악했다. 그의 말대로라면 옷은 피부를 확장한 것이다. 신체와 살갗과 가장 밀접한 것은 단연 옷이다. 옷이란 만들어질 때도 신체를 생각하고 입을 때도 신체를 위해 입는다. 의복을 사람의 피부 다음에 오는 '제2의 피부second skin'라고 하는데, 이것은 반대로 신체의 이미지를 형성하는 데 깊이 관여하는 것이 첫 번째 옷이고, 사람의 피부가 두 번째 옷이라는 의미로도 해석된다. 옷은 신체를 확장한 것이며 신체가 느끼는 감촉과 함께 만들어진다.

근대건축 이후 설비를 활용해 환경이 자기 완결적인 내부 공간을 만들어온 결과, 사람과 외부 환경의 관계는 균질해졌다. 그런데 한편으로 옷은 건축보다 더 탁월하게 그 지역과 풍토와 깊은 관계에서 만들어진 또 다른 셸터라고 할 수 있을 것이다. 건축과 옷은 신체라는 공간을 감싸고 덮어준다는 데 공통점이 있다.

건축과 옷이 다른 점은 옷은 단 한 사람의 신체만 감싸지만, 건축은 개인의 신체는 물론 주변으로 펼쳐지는 공간까지 감싼다는 것이다. 이탈리아 예술가 안토넬로 다 메시나Antonello da Messina가 그린 〈서재 안의 성 예로니모St. Jerome in His Study〉라는 작품은 공간이 여러 겹을 이룬다. 서재가 있고, 그것을 둘러싸는 건물이 있다. 건축은 사람의 몸을 두른다는 점에서 옷과 같지만 그 주변 공간도 감싼다. 신체적으로 지각되는 건축물을 만들기 위해서는 건축을 옷으로 생각하고 촉각이라는 감각을 공간으로 치환하도록 이끌어줘야 한다. 비트루비우스도 건축을 옷에 은유한 바 있는데, 그 정도로 옷은 건축이론에서 익숙한 존재다.

건축 형태가 직물 기술에서 나온 것임을 설파한 사람은 독일 건축가 고트프리트 젬퍼Gottfried Semper였다. 그는 오래전부터 있었던 건물 유형이 직물 기술에서 나온 상징적인 형태나 시스템 그리고 용어를 함께 썼다고 했다. '켜string'라든지 '띠 장식band' '덮개cover' '솔기seam'와 같은 용어가 그렇다. 그중에서도 가장 많이 쓴 용어는 '마디knot'다. 마디는 건축에서 '이음매joint'와 같다. 즉 직물의 짜임새와 건축의 이음매다. 기술적으로도 건축은 옷을 닮았다.

젬퍼는 건축물에 장식 요소를 두는 것이 옷을 덮어주듯이 '피복성'을 주는 일이라고 생각했다. 그리고 이것을 '피복被覆의 원리'라고 불렀다.

이러한 젬퍼의 생각을 근대건축에 적용한 사람은 아돌프 로스였다. 그는 건축을 옷으로, 옷을 장식으로 해석했다. 그리고 건축이란 신체에 대한 피복이며, 구조는 그 뒤를 따르는 것이라고 주장했다. 아돌프 로스는 자신의 건축적 사고를 구체적으로 논한 거의 유일한 에세이인 『피복의 원리Das Prinzip der Bekleidung』를 '의복衣服의 원리'라고 바꾸어 말해도 될 정도로 감싸는 옷과 공간을 관련지어 생각했다.

로스는 이 책에서 건물의 기원에 대하여 이렇게 말한다. "제일 처음에 있던 것은 몸을 감싸는 피복이다. 사람은 악천후에 몸을 보호하기 위해 자고 있는 사이에도 바깥으로부터 몸을 지키고 추위에 얼지 않도록 온기를 찾았다. 그리고 하늘을 덮는 것을 찾았다. 이렇게 하늘을 덮는 것이 제일 처음으로 건축을 구성하는 부분이었다. 본래 그것은 동물의 가죽이나 천으로 만들어졌다." 그는 신체를 감싸기 위해 공간을 구축하는 것이 건축의 본질이라고 보았다. 그렇다면 옷은 건축이며, 건축 또한 옷이 된다. 로스에 따르면 건축의 기원이란 "하늘을 덮는 것", 곧 "하늘에 대한 피부"를 상징하는 '주거'다.

스페인 출신의 건축이론가 베아트리스 콜로미나Beatriz Colomina가 쓴 『프라이버시와 선전: 매스미디어로서의 근대건축 Privacy and Publicity: Modern Architecture as Mass Media』에서는 이 점이 다시 부각되었다. 이것은 신체와 공간에 대한 근대주의의 논리와는 전혀 다른 근거에서 비롯했다. "로스에게 건축은 하나의 덮는 형태다.…… 로스의 실내 공간은 옷이 신체를 덮듯이 사용자를 덮는다.…… 로스의 건축은 모두 신체를 덮는 것으로 설명될 수 있다. 리나 로스Lina Loos의 침실에서 조지핀 베이커Josephine Baker의 수영장에 이르기까지 실내는 언제나 '둘러싸는 따뜻한 가방'을 내포한다. 그것은 '쾌락의 건축'이며 '자궁의 건축'이다."[7]

근대건축의 조형이 의복과의 관계에서 논의되었음을 논증한 책이 있다. 뉴질랜드 건축가 마크 위글리Mark Wigley는 『흰 벽, 디자이너 드레스White Walls, Designer Dresses』[8]에서 근대건축의 가장 자명한 특징이면서도 거의 논의하지 않고 지나간 '흰 벽'을 다루었다. 일반적으로 흰 벽은 무리하게 장식된 19세기 건물에서 무도회용 가장 의상을 벗겨낸 결과라고 알려져 있다. 하지만 그렇다고 근대건축이 벌거벗은 것이 아니라 또 다른 옷을 입은 것이라고 주장했다. 거주자가 근대의 새로운 옷을 입었듯이, 건물이라는 건장한 신체도 새로운 종류의 옷을 입은 것과 마찬가지다. 말하자면 흰 벽은 그 자체가 옷이었다.

그는 많은 근대건축가가 실제로 옷을 디자인했으며, 그만큼 근대건축에 대한 논쟁은 의복 개량의 논리에서 비롯된 것이고, 근대건축의 세련된 표면 이론도 여기에서 나온 것임을 지적했다. 그리고 건축이란 드레스 디자인의 한 형태라고 주장한다. 그의 연구에서 얻는 바는 무엇일까? 옷은 건축의 은유이며, 건축은 신체를 덮는 공간이자 도시에 개입하기 위한 것임을 재고하게 된다. 그리고 옷과 건축의 관계는 현대건축의 새로운 논의가 아니라 이미 근대 디자인에서 비롯된 것임을 알 수 있다.

1960년대의 건축가 집단 아키그램Archigram은 테크놀로지를 구가하던 시대에 우주복과 같은 주택을 구상했다. 신체를 감싸는 옷이 그대로 주택이 된 것이다. 그들이 진행한 프로젝트 중 하나인 〈쿠시클Cushicle〉은 사용자의 요구에 따라 모양과 크기를 변경할 수 있는 휴대 장치였다. 이는 완전한 환경을 휴대할 수 있고 신체를 그대로 연장한 주택이었다. 이를 기술을 구가하던 시대의 공상으로 치부하면 안 된다. 쿠시클은 신체를 확장한 건축을 연구한 충실한 사례다.

쿠시클은 난방 시스템 장치와 라디오, 미니 텔레비전이 들어있는 헬멧, 개인용 기기로 된 차대 그리고 팽창할 수 있는 외피로 구성되어 있다. 자동차처럼 어떤 환경에서도 사용할 수 있게 한 것인데, 개인 외피로 된 이동용 도시 시스템으로 고안되었다.

〈워킹 시티Walking City〉〈인스턴트 시티Instant City〉와는 달리 외피가 과일이나 공기 방울, 근육 조직과 같이 공기압으로 팽창된다.

　　그들은 '수탈룬Suitaloon'·이라는 장치도 만들었는데, 쿠시클과는 달리 안에 긴 쿠션을 놓을 수 있고, 운전자가 신체의 피부처럼 몸에 입는 형태로 고안되었다. 공기를 팽창시키면 내부에서 막을 형성하여 어디에나 세울 수 있다. 옷suit마다 자동차 앞문의 자물쇠처럼 플러그가 있어서 또 다른 수탈룬과도 접속되며 그럴 경우 더 큰 외피가 된다. "수탈룬, 살기 위한 옷clothing for living in. 내 수탈룬이 없다면 집을 사야 할 것이다. 이 스페이스 슈트space suit는 최소의 주택이라 할 수 있다." 르 코르뷔지에는 집을 '살기 위한 기계'라고 표현했는데, 아키크램은 '살기 위한 옷'을 제안하며 우리가 집보다 수탈룬을 먼저 사야 할 것이라고 강조한다. 건축이 기계 모델에서 옷 모델로 변하면서 가까운 미래에는 주택도 가벼운 이동 장치로 바뀐다는 것이다.

외부화한 신체
윤곽을 잃은 신체

미개민족처럼 집합의 규모가 작으면 사회적 관계는 공간적인 관계로 정착하기 쉽다. 그러나 집합하는 사람 수가 많아지고 사회활동이 복잡해지면 공간은 의례나 관습 등과 같은 사회적 관계를 정확하게 반영할 수 없다. 도시는 거대해지고 신체가 조직하던 공간은 자기 집 내부 정도를 제외하고는 얼마 남지 않게 된다. 그러면 도시는 신체의 여러 관계를 훨씬 넘게 된다.

　　휴머니즘이 막을 내리면서 주체는 중심에서 벗어나 집단 속에서 소외된 범용한 존재가 되었다. 사물이 완전히 물상화되었고 주체는 거대도시 안에 던져졌다. 미국의 건축사가 마이클 헤이즈Michael Hayes는 『포스트 휴머니즘의 건축Modernism and the Postmodernist Subject』[9]에서 건축가 하네스 마이어Hannes Meyer와 루드비히 힐베르자이머Ludwig Hilberseimer가 보여준 것처럼, 대량생산되는 건축의 주체가 거대도시에서 독립하여 존재할 수 없다고 했다.

이런 사회에서는 개인 신체에 바탕을 둔 건축이 성립되지 않는다.

네덜란드 건축가 렘 콜하스Rem Koolhaas는 자신의 책에 『S, M, L, XL』라고 이름 붙이고 크기별로 분류된 작품집을 펴냈다. 여기에서 S 사이즈, L 사이즈라는 것은 옷에서 사용하는 신체의 치수를 말한다. 건축의 크기를 옷의 크기로 표현한 것이다. 물성 자체도 육중한 이 책은 자기 작품을 빌딩 타입이나 연대별로 배열하지 않고 작품의 크기로 분류한다든지, 주요 건축 개념인 '거대함bigness'을 설명할 때도 건장한 남성의 모습과 함께 큰 글자로 시작하다가 점점 작은 글자로 바뀌며 인체의 개념이 사라지는 디자인을 했다. 이는 근대건축에서 건축의 중심성을 보증해주던 신체가 인간의 탈중심화를 거쳐 도시에서 '건축' 개념의 불가능성을 그래픽으로 나타낸 것이다.

오늘날 건축과 도시는 비대해졌다. 과도하게 비대해진 건축물은 '인체형상주의'가 적용될 여지를 남겨두지 않았다. 렘 콜하스가 말한 '거대함'에는 질서, 비례, 위계, 시스템이 적용되지 못한다. 한편 오늘날의 건축물은 '가벼움lightness'으로 표현되듯이 내외부가 피부와 같은 투명함으로 둘러싸여 있다. 건축이라는 몸은 분명한 윤곽을 잃고 정보 공간에서 분산하는 인터페이스가 되었다. 파사드는 이제 인체에 빗댄 건물의 얼굴이 아니다. 다른 부분도 줄기와 가지, 척추와 기관이라는 위계질서 대신에 리좀rhizome 모양의 네트워크로 바뀌었다.

이제 건축에서 생물학적인 육체, 중력의 지배를 받는 신체만을 다루지 않는다. 미디어 속의 신체, 사회 안에서의 커뮤니케이션에 구속되는 신체가 있다. 이 두 가지는 이미 한 몸 속에 있으나 이렇게 달리 나타난다. 이 두 신체 사이에는 합치될 수 없는 간격이 있다. 그러나 현대건축에서는 이 간격을 메우거나 바꾸려고 하지 않고 그대로 인정하고자 한다.

사회적 신체

도시라고 해서 무조건 넓고 외부를 향해 확산되는 균질한 도시만 경험되는 것은 아니다. 도시 안에도 엄연히 동네가 있고 그 안에는 작은 가게와 작은 공공 건물이 있으며, 내가 알고 있거나 알 수도 있는 사람들이 별다른 미디어의 도움 없이 스스로 걸어 다닐 수 있는 크기의 영역이 있다. 이런 범위에서는 그다지 거리감을 느끼지 않고 저항감 없이 살아갈 수 있다. 그러나 여기에서 조금만 벗어나면 큰 도로가 나타나고 자동차와 지하철, 군중 사이에 신체가 끼어들어가는 범위가 달리 나타난다. 이런 도시에서는 교통수단을 이용해야 하고 지도나 내비게이션과 같은 미디어를 매개체로 삼아야 한다.

거리상 가깝다고 해서 근린이고, 멀리 떨어져 있다고 해서 관계가 희박한 도시라고 보아서는 안 된다. 가까운 거리인데도 자동차를 타고 간다든지 직접 만나지 않고 전화로 해결되는 관계라면, 근린에 비신체적인 네트워크의 도시가 개입되어 있는 것이다. 같은 사람을 만나도 번화가에서 만나는지 아니면 간편한 차림으로 동네에서 만나는지에 따라 신체의 관계는 달라진다. 미디어를 개입시키고 경험하는 신체는 또 다른 의미의 신체다. 같은 공간이라도 다양한 교통과 통신 미디어가 서로 다른 방식으로 사람들의 신체와 활동을 파악하고 있다는 뜻이다.

이렇게 생각해볼 때 도시에 사는 사람에게는 두 개의 신체가 있음을 알 수 있다. 하나는 실제로 살아 숨 쉬고 움직이는 생물학적인 신체다. 이는 뜨겁거나 차가운 감각, 아늑함과 존재감 등 물질과 현상에 반응하고, 높이와 길이를 가진 신체다. 생물학적인 신체는 바뀌지 않는다. 이 신체는 자기 집에서 거리가 얼마나 떨어져 있는가를 생각한다.

다른 하나는 미디어에 개입된 사회적인 신체다. 이는 사람이 도구를 사용하고 환경에 적응하면서도 동시에 환경 자체를 변용시키며 사회적으로 구축되는 개인의 신체다. 그러나 미디어를 통하여 형성되는 사회적 신체는 아주 짧은 기간에도 모습을 완전히 바꾼다. 이 두 신체는 같은 사람에게 속하는 신체이지만 현대 도시에서 경험하는 양상은 서로 다르다. 도시는 생물학적 신체의 네트워크와 사회적 신체의 네트워크가 겹쳐지는 곳이다.

사회적 신체는 휴대전화를 집에 두고 왔거나 수신이 좋지 못한 곳에 있어 네트워크로부터 단절되면, 예전에는 느끼지 못했 던 새로운 불안감을 느끼는 신체다. 그래서 휴대전화를 분실한다 는 것은 일시적인 상황일 테지만 사회적 관계와 네트워크가 무너 지는 것을 의미할 정도가 되었다. 통화가 되지 않아 쓸쓸하다는 기분이 드는 것을 넘어 짧은 시간일지라도 휴대전화로 확장된 신 체가 단절되는 아픔을 느끼는 것이다.

이렇게 생각해보자. 옛날에 목수는 대패나 끌을 잘 다루는 사람이었다. 그러나 능률적인 생산이 더 중요해진 사회에서는 대 패나 끌보다 진보된 목공 기계를 사용할 줄 아는 신체가 요구된 다. 지하철에서 거의 모두가 휴대전화만 들여다보고 있는 것을 두 고 책은 읽지 않는다고 비판하는 이들도 많다. 그렇다면 휴대전화 만 미디어이고 책은 미디어가 아닌가? 그렇지 않다. 휴대전화는 이 시대의 미디어이고 소설책은 예전의 미디어일 따름이다. 대패 나 끌, 소설이나 휴대전화의 예는 미디어 환경이 어떻게 사람의 신 체를 구축하는가를 보여준다. 생물학적인 신체도 나의 신체이고, 옷을 입은 신체도 나의 신체가 연장된 것이듯이, 미디어가 개입된 사회적인 신체도 연장된 또 다른 나의 신체다.

신체의 공간 생산

기관 없는 신체

흔히 신체를 여러 기관器官이 유기적으로 결합된 전체로 생각한다. 이는 사회가 조직되어 권력을 확대하고 유지하는 방식에 그대로 적용된다. 신체 기관과 가장 닮아 있는 것은 행정 조직이나 군사 조직이다. 문제는 너무나도 익숙한 관계를 적용하니, 쉽게 수긍하는 습관을 갖게 되었다는 점이다.

'기관 없는 신체corps sans organes'란 프랑스의 시인 앙토냉 아르토Antonin Artaud가 만든 용어인데 질 들뢰즈Gilles Deleuze 철학의 핵심 개념이 되었다. '기관'은 장기나 팔다리가 제각기 기능하며 신체를 구성하는 것인데, 신체에 기관이 없다고 하면 전혀 이해되지 않는다. 이를 기관이 사라졌다거나 기관을 비웠다는 뜻으로 지레짐작해서는 안 된다. 기관은 계층적인 질서나 역할 분담에 따라 신체조직체를 만드는 원인이므로, '기관 없는 신체'는 기관으로 분화되기 전, 이를테면 수정란과 같은 상태다. 따라서 정해진 기능을 하는 고정된 기관이 없는 신체라는 뜻이다. 유기체가 되기 이전의 생명 그 자체, 잠재력을 가지고 이미 에너지의 강도와 방향성을 찾는 신체를 말한다. '기관 없는 신체'는 이제까지 해오던 자기 역할로부터 거부하고 도망가려 한다.

'기관 없는 신체'는 기관을 가진 유기체라는 전혀 다른 방식의 신체다. 그리고 신체 밖에 있는 요인으로 결정되지 않는다. '기관 없는 신체'는 한곳에 머물지 않고 언제나 도망가는 이미지를 가지는데, 새로운 신체의 모델은 '무용'이다. 무용에서는 자기 신체를 통해 타인의 신체와 영향을 주고받는다. 무용수의 신체는 고정된 기능을 담당하는 기관이 모인 기존의 '신체' 개념으로는 도저히 설명할 수 없다. 따라서 무용수의 신체는 '기관 없는 신체'다. 무용수는 무대를 조작하는 누군가가 인형을 움직이듯이 조정되는 마리오네트marionette도 아니며, 자기의식을 가진 자율적인 신체도 아니다. 따라서 '기관 없는 신체'는 '인체형상주의' 건축과 근대의 기계론적 신체에 근거한 건축을 거부한다.

이 설명을 어려워할 이유는 없다. '기관 없는 신체' 때문에 무용이 생긴 것이 아니라 반대로 이런 이미지를 보며 '기관 없는 신체'를 떠올렸을 것이다. 축구 경기도 마찬가지다. 공중에서 떨어지는 공을 서로 뺏으려고 다툴 때 발과 머리는 일순간 섬세하게 같이 움직인다. 이때 의식이 사람의 몸을 제어하고 선수의 신체가 기관의 통합체로 계획되어 움직인다고 생각하며 경기를 보는 사람은 아무도 없다. 공을 차고 뺏으려는 발이라는 기관과 상황을 판단하고 결정하는 머리라는 기관 사이에 새로운 기계성이 순간적으로 작용하기 때문이다. 이러한 신체의 접속 가능성은 역시 '기관 없는 신체'에서 만들어진 것이다.

사막을 건너는 데 몇 가지 방법이 있다고 한다.[10] 그 첫 번째는 지도가 아니라 나침반을 따라가는 것이다. 지도는 효율성을 중요하게 생각하지만 사막에서는 지도를 펴도 알아보기 힘들다. 그래서 나침반을 들고 방황하게 되는 것이다. 내비게이션의 'GPS'는 위성이 발신하는 고유 주파수를 수신하여 현재 위치를 파악한다. 위성의 위치, 경도와 위도, 지금 있는 곳과 가야 할 곳을 직선적으로 계산한다. 내가 GPS를 바라보는 것이 아니라 GPS가 나의 신체를 보고 있다.

그러나 유목민은 별을 보고 지형과 바람과 공기를 읽으며 오아시스가 어디에 있을지 예측한다. 신체가 지시하는 방향을 따르며 온몸의 감각에 의존한다. 얼마나 이동했으며 얼마나 더 가야 하는지도 신체가 직접 판별한다. 효율적인 방향 지시가 아니라 방황을 통해 각 부분의 장을 신체로 결정해간다. 따라서 이러한 행로는 직선이 아니다. 신체의 이동은 하늘과 지면을 매개로 하여 결정된다. 축구선수의 신체 그리고 공간의 방향을 찾아가는 유목민의 신체 방식은 건축에도 그대로 적용된다.

신체와 스케이트보딩

'기관 없는 신체'와 유목민에 관련해 연구한 『스케이트보딩, 공간, 도시: 건축과 신체Skateboarding, Space and the City: Architecture and the Body』[11]라는 책이 있다. 지은이 이언 보든Iain Borden은 스케이트보더가 사물이 3차원으로 완결되었다고 보지 않는다는 사실에 착안하여, 사물과 건축물을 떨어뜨려 생각했다. 그리고 건축도 하나의 전체를 이루지 않고 있다고 여기며, 이것들의 집합으로서 '건축'을 생각했다. 이 책은 오감에 따른 건축 경험과 신체 활동을 통해서 건축이 재생산되는 바를 들춰낸다. 건축은 물체로만 있는 것이 아니라 사회적인 과정에서 공간을 생산한다는 입장이다.

건축은 제2의 자연이다. 그러나 스케이트보더는 실제 자기 몸으로 콘크리트의 파도를 경험한다. 도시는 완벽한 건물로 구성된 것이 아니라 벽, 가드레일, 계단, 경계석, 난간, 담장 등 물리적인 요소들의 조합이다. 자연의 기복, 배수구나 파이프와 같은 물체의 재료와 표면으로 재가공된다. 여기에는 스케이트보딩의 기술과 동작이 있고, 스케이트보드라는 매개물이 지면과 신체에 전달하는 감촉과 소리 등으로 도시의 경험이 읽힌다.

건축과 도시 공간을 경험하는 것은 사람의 몸만이 아니다. 스케이트보딩에서 신체와 스케이트보드라는 장치 그리고 지형이 활동적으로 교차하며 공간이 이루어진다. 스케이트보더는 이미 정해진 주변 상황에 도전하는 능력이 있고 그 나머지를 버리는 능력도 있다. 이들은 건축을 자신의 스케일로 다시 생산할 줄 알며, 표면이나 텍스처 등 기본적으로 마이크로한 공간에 관한 물체의 특성을 다시 편집한다.

사막에서는 국경선이 허상이듯이 스케이트보더 앞에서는 도시와 건축의 경계선, 건축의 요소 사이 경계가 와해된다. 매순간 장과 장으로 연결되고 다시 편성된다. 또 스케이트보딩은 신체가 주체이고 주체는 내부인데, 그에 반해 도시는 객체이고 외부라는 기존의 경계를 해체한다. 이는 사막을 통과하며 신체와 상황이 반응하는 유목민이나, 공을 매개로 머리와 다리가 순간적으로 접속하는 축구선수처럼, 물질만이 아니라 공간과 시간, 사회가 합쳐져 생산되는 '기관 없는 신체'를 나타낸다.

한편 건축가들은 사용자를 고려한다고 말하지만, 알고 보면 공간이나 물체, 디자인을 앞세우고 그 안에 머무는 신체에 관해서는 뒷전이다. 게다가 신체를 수량으로 계산하고 그 수의 합으로 취급한다. 공간에 대해서도 마찬가지다. 건축에 중점을 둔 것은 많아도 신체에 중점을 두고 건축을 기술한 것은 거의 없다. 스케이트보더는 공간을 교환하는 것이 아니라 사용하며, 도시와 건축 공간을 소유하는 것이 아니라 '유용流用'하고 있다.

이 책은 도시와 건축 공간의 주어진 용도에 응하지 않는 것, 장소를 자신의 방식으로 다시 만들어가는 것, 그래서 사용자가 사용의 가치를 직접 경험하면서 공간에서 행위를 확장해가는 것을 말하고 있다. 이때 스케이트보드를 자전거로 바꾸어도 같은 맥락으로 말할 수 있다. 우리는 신체와 도구, 물질 사이에서 세기와 방향성을 찾고 있다.

신체 운동과 무용

종이 위에 원을 그려보면 마음먹은 대로 잘 안 그려진다. 마음은 완벽한 원을 생각하는데도 손은 그것을 제대로 그릴 수 없다. 신체가 마음과는 다른 자율적인 존재이기 때문이다. 신체는 생각의 틀을 벗어나려는 힘을 품고 있다. 신체는 건축에서 기물을 만들고 영역을 점유한다. 신체는 환경의 중심이며, 건축은 신체를 감싸는 공간을 담아 그 안에서 움직이고 주변에 대해 반응하는 감각의 인터페이스다.

연극이나 무용은 '공연 예술performing art'이다. 무대예술에서는 신체가 직접적인 표현 수단이 된다. 건축이 공간과 장소 없이 성립할 수 없듯이 무용은 무대 없이 성립하지 못한다. 건축가가 공간을 구상하듯이 무용수도 공간을 구상하는 사람들이다. 무용수는 자기 신체로 형태와 공간과 움직임을 만들지만, 그 자신은 손, 손끝, 다리, 발, 어깨 등을 의식하며 공간을 결정해간다.

오스카 슐레머Oskar Schlemmer는 화가와 조형미술가로 출발한 안무가다. 그는 1928년 바우하우스Bauhaus에서 '인간'이라는 주제의 수업을 담당하며, 인간의 운동을 통해 기하학의 새로운 측면을 발견하고 그와 관련된 공간을 무용으로 확보하고자 했다. 따라서 그의 안무는 바우하우스의 조형예술에서 인간이 어떻게 다루어졌는가를 보여준다.

슐레머는 인간을 둘러싼 건축 환경이 기하학적인 시스템을 갖기 시작했음에도 사람은 이에 대응하는 행동 방식을 보이지 못하고 있다고 했다. "입체 공간의 법칙성은 평면기하학적이며, 입체

기하학적인 관계를 가진, 다시 말해 눈에 보이지 않는 직선의 그 물로 나타난다."[12] 인체를 이루는 부분적인 곡선을 연장하여 만들 어진 여러 곡선은 이제까지 보지 못했던 또 다른 기하학적 형태 시스템을 만들어낸다는 것이다.

그는 인체의 움직임을 분석한 그림을 그렸는데, 관절과 골격 에 따른 인체도를 본떠서 움직임의 메커니즘을 표현했다. 무대의 바닥을 8등분하고 똑바로 서서 발레 동작을 규정했으며, 신체의 부위가 진행하는 방향을 조합했다. 무대라는 공간이 신체의 운동 방향을, 또 반대로 신체 운동의 법칙성이 공간을 낳는다. 신체도 운동 공간도 정사각형, 대각선, 내접하는 원에 겹쳐 나타난다. 신 체와 공간은 시스템 안에서 어디까지나 동어반복을 한다. 이것은 르 코르뷔지에의 인체 비례처럼 유추되었고, 미스 반 데어 로에의 보편 공간처럼 무대 공간을 균질하게 만들고 있다.

1922년에 초연한 그의 가장 유명한 무용 〈3인조 발레Das Triadische Ballett〉는 육면체, 원추, 구형의 의상을 입고 춤춘다. 과연 이런 것을 입고 춤출 수 있을까 할 정도로 몸동작이 기하학적인 형태가 되도록, 그리고 무용수가 마치 살아 있는 조각물처럼 보이 도록 안무했다. 또 〈슈틀첸로이퍼Stelzenläufer〉는 아예 사람의 몸에 막대기를 묶었다. 사람의 몸동작으로 마치 피스톤 운동처럼 기하 학적으로 분절된 운동감을 표현했다. 기계시대의 미적인 취미가 이렇게 표현되었다.

그러나 현대무용은 이와는 다른 신체 운동을 모색해왔다. 무용수 윌리엄 포사이스William Forsythe의 〈에이도스-텔로스Eidos: Telos〉에서는 마치 끈으로 조정되는 듯한 동작을 한다. 하지만 '인 체형상주의'에서처럼 누군가 조작하는 이가 조정하는 것이 아니 다. 또 아무것도 없는 무대 위를 혼자서 자율적으로 움직이는 동 작도 아니다. 그런데도 무용수는 마리오네트처럼 조작하는 사람 없이 서로 보이지 않는 끈을 잡아당겼다가 놓아주는 동작을 계속 하며 공간을 생성한다.

기술이 진화하여 소립자 운동이 관찰된다면 어떤 풍경으

로 보일까? 신체는 분자처럼 묘사되면서 축선 위를 따라가다가도 이탈하고 다시 그 선으로 들어오는 동작을 지속적으로 생성한다. 하나의 중심에서 해방되려고 하는 신체는 가상의 선과 면을 생성하며 소멸해간다. 무용수의 신체는 제각기 프로시니엄Proscenium의 공간을 구성하는 요소다. 그러나 그것은 무용수가 그리는 사건의 연쇄이며 장의 흐름으로 인식된다.

이는 코르뷔지에의 '건축적 산책로promenade architecturale'처럼 하나의 중심을 향해 일정한 축을 따라 운동하는 통일체가 아니다. 이 무용은 여러 개의 중심과 축선을 가진 다양한 운동을 이끌어낸다. 또 무대에는 악보처럼 선이 그어져 있지만 기관이 모여 신체를 이루듯이 선을 따라 움직이는 조직체가 아니다. 신체가 신체에 영향을 미치고 반응한다. 이 무용은 세기와 방향성을 찾는 신체로 가득 차 있다. 마치 코르뷔지에의 격자가 그려진 상자 공간에서 벗어나려는 듯이, 무용수의 신체는 독립적인 동작을 취한다. 현대무용의 신체는 '기관 없는 신체'를 예술적으로 실천하고 있다.

신체는 작은 환경

자신自身은 이 세상에 하나밖에 없다. 마찬가지로 건축물도 엄밀하게 똑같은 것이 하나도 없다. 신체와 건축물을 연결해서 말하는 것은 신체나 건축물이 모두 고유한 개체라는 점을 강조하기 위해서다. 고유한 신체가 모여 공동체를 형성하고, 공동체는 건축물을 통해 개성 있는 도시를 형성한다. 이때 신체성身體性이 있는 환경이란 건축과 사람이 친근한 작은 환경을 말한다.

사람들이 모여 앉았다고 무조건 친근한 환경이 조성되는 것은 아니다. 강의실처럼 의자를 일렬로 늘어놓기보다, 서로 마주보게 하는 것이 훨씬 친근한 환경이다. 이때 열 명이 둘러앉을 수도 있고 두 겹 세 겹으로 에워싸며 앉을 수도 있다. 사람이 늘면 의자를 더 가져오고, 사람이 줄면 책상을 접어 다른 곳에 두는 식으로는, 기능과 효율을 말할 수는 있어도 작은 만남을 풍부하게 만들긴 어렵다.

마을의 환경도 도로를 잘 내고 길을 아름답게 꾸민다고 친숙해지는 것이 아니다. 시원한 도로나 평탄한 바닥을 만들기 이전에 '벤치'라는 작은 사물에 앉아 한가로운 한때를 즐기게 하는 편이 효과적이다. 이 벤치의 역할은 단지 앉아서 쉬는 것만으로 끝나지 않는다. 벤치에 편하게 앉아 있으면 이웃과 얼굴을 마주할 기회가 늘고, 마을의 풍경을 조금 더 천천히 바라볼 수 있다. 그렇게 하다 보면 그 풍경이 개인적인 범위를 넘어 우리 모두의 것이라는 생각을 갖게 된다. 그러나 이러한 생각은 4차선, 5차선 도로와 같은 복잡한 통과 동선에서는 생기지 않는다. 건축설계에 필요한 긍정적인 발상은 친근한 환경을 만들려는 데서 나온다. 이를 두고 '환경의 신체성'이라고 말한다.

마을 공터라도 좋고 보행자 도로의 가로수 옆에 있는 땅이어도 좋다. 아무도 관심을 두지 않는 곳에 누군가 꽃을 심거나 텃밭을 일구기 시작했다고 하자. 누군가가 이런 행동을 반복한다면 동네는 점점 변화하고 그 환경에 신체가 반응하기 시작한다. 또 다른 예로 노상 주차장은 환경에 그다지 도움이 안 된다고 여긴다. 하지만 이 땅에 잔디를 깔면 주차장parking이 공원park이 될 수도 있다. 이렇게 얻은 '공원'을 '파클렛parklet'이라고 한다. 신체는 친근하고 작은 환경에 감탄한다.

이 개념이 역사저술가 크리스 칼슨Chris Carlsson이 주장하는 '나우토피아Nowtopia'다. '나우토피아'란 일상생활의 흔한 요소를 그대로 사용하면서 이전의 세계 위에 새로운 세계를 생생하게 그리는 운동이다. 이것은 개인이 그리 크지 않은 책임을 지면서 도시환경을 개선하는 데 관여하는 운동인 '택티컬 어버니즘tactical urbanism'에서 찾아볼 수 있다.

렘 콜하스는 『S, M, L, XL』라는 책을 통해 'S'와 'M' 다음에 'L'이 있고 또 그다음은 'XL'라는 사실을 통해 점점 더 거대해진 20세기 도시와 건축의 방식을 잘 묘사한 바 있다. 그러나 지금은 이를 반대로 읽어볼 필요가 있다. 그러면 'XL'에서 'L', 그다음에는 'M'과 'S'로 눈을 돌려, 'S'보다도 작은 'XS'가 있음을 인식하게 된다. 이제까지 우리는 방에서 출발하여 건물로, 건물에서 도시로, 도시에서 다시 거대도시라는 식으로 건축과 도시를 말해왔다. 그러나 그럴수록 환경은 신체에서 멀어지고 개인은 거대한 환경의 작은 부분에 멈추게 된다.

건축에서 신체를 논의하고 깊이 생각해야 하는 이유는 'XL'에서 'L'과 'M'을 거쳐 'S'와 'XS'로 향하며, 친근하고 고유한 환경을 인식하는 데 있다. 개개인의 신체에서 시작하는 'XS'라는 스케일로 건축물을 짓고 도시를 이루고 가꿀 수 있어야 한다. 이렇게 만들어진 작은 환경은 구성원에게 도시의 진정한 주인공이라는 인식을 심어준다. 그리고 아날로그한 스케일로 환경을 만들어가는 새로운 설계 자세를 발견하게 한다.

2장

건축과 지각

건축의 경험은 물질을 통한 세계 자체를
경험하는 것이므로 촉각과 시각을 모두
포함하여 천천히 지각된다.

물질의 지각

물질은 지각의 경험

건축의 물질은 단지 집을 세우는 재료가 아니라 삶의 방식을 결정한다. 와인을 유리잔으로 마실 때와 플라스틱 컵으로 마실 때, 그 맛이 전혀 다르다는 사실만 보아도 건축의 물질이 인간의 삶에 어떤 영향을 미치는지 깊이 생각할 일이다. 같은 물이라도 깊은 땅속처럼 켜를 이루며 돌을 쌓아 공간을 만든 스위스 건축가 페터 춤토어Peter Zumthor의 발스 온천 목욕탕Therme Vals은 당연히 동네 목욕탕과 그 감각이 전혀 다르다. 이는 현상과 신체, 물질과 감각에 관한 문제다. 와인이 사람이라면 '유리잔'에 들어가 사는 것과 같은 집이 있고, '플라스틱 컵'에 들어가 사는 것과 같은 집이 있다. 두 삶의 방식은 전혀 다르다.

건축은 공간과 장소를 경험하는 것이지만, 현상은 무거운 물질을 통할 때 인간에게 지각된다. 인도 아잔타Ajanta에는 350개의 석굴°이 있다. 이 석굴은 기원전 2세기부터 만들어지기 시작해 6세기 넘어 완성되었다. 왜 당시 사람들은 이토록 많은 석굴을 파고 사찰을 만들었을까? 아잔타의 석굴이 있는 지층은 데칸고원 Deccan Plateau이 있는 곳이다. 데칸고원은 이 지구상에서 6,700만 년 전에 형성된 태고의 지형이다. 이 사실을 알고 지었다고 말할 수는 없지만, 석굴을 만든 이들은 이 오래된 지형에 대한 감각을 지녔다. 석굴을 그저 파고 들어간 것이 아니라, 그 안을 마치 기둥과 보로 이루어진 결구물처럼 파고 깎아 만들었다.

이 사찰의 승려는 얇은 옷을 걸치고 수도하였으며 그들의 신체는 태고의 지층에 맞닿아 있었다. 밤에 창문을 통해 들어온 달빛은 동굴의 내벽을 비추고, 차가운 달빛을 받으며 앉아 있는 승려의 육체는 고원의 암반에 닿아 둘러싸여 있다. 대지를 물질로 하여 인위적으로 만든 공간은 정신을 고양해주고, 그 정신은 대지로 되돌아간다. 공간의 경계는 대지의 표면이지만 그 깊이는 무한하다. 신체가 이 표면을 감지하고 무한함을 느낀다.

현재와 과거의 만남이 지층을 파고 들어간 석굴 속에 있다. 아잔타 석굴의 암석은 무한의 시간을 나타낸다. 석굴 안에서 인간은 이미 대지의 태내胎內에 잉태된 대지의 자식이다. 석굴 공간에 몸을 두면 유한한 공간이면서 무한으로 통하는 느낌이 든다. 아잔타 석굴에서 가장 감명 깊은 현상은 건축을 만드는 물질을 통하여 인간의 신체가 시간의 깊이를 알 수 있다는 사실이다.

건축에는 '눈'과 '몸'이라는 두 가지 요소가 함께 나타난다. 생트마리 마들렌 성당L'eglise Sainte-Marie Madeleine•의 어느 한 부분, 아침 햇살이 기둥의 돌에 머무는 순간, 이 돌은 땅속 수많은 돌과 바위 중에서 선택되어 성당의 일부가 되었다. 어떤 돌은 여기저기에서 뽑혀와 아무도 바라보지 않는 성당 벽면 어두운 곳에 올려졌고, 또 어떤 것은 성당 밑바닥에 놓여 아예 보이지 않게 되었다. 그러나 아무도 자기 위치에서 불평하거나 이탈하지 않는다. 그중에서도 어떤 돌들은 잘 보이는 기둥의 돌이 되었고 아름다운 햇살을 받아 빛났다. '몸'인 돌은 변성하여 빛이 되고, '눈'에 비친 빛은 변성하여 다시 돌이 된다. 몸과 눈은 떨어져 있는 것이 아니며, 이 둘이 합쳐져 우리 마음에 전해진다.

이를테면 건축사가 콜린 로Colin Rowe는 자신의 논문 「라 투레트'La Tourette' in the Mathematics of the Ideal Villa and Other Essays」[13]에서 르코르뷔지에의 라 투레트 수도원이 눈과 몸의 분리된 지각에 대응하는 것임을 분석하였다. 이 논문의 전반부에서는 수도원을 향해 걸어 들어오는 행로를 전면에서 가로막는 성당의 무정한 콘크리트 면의 작용을 설명하고 있다. 이 면은 시선을 끄는 벽면이 아니라 지평선을 강조하기 위해 수도원을 향해 다가오는 사람들의 시선을 가로막는 벽이다. 그러면서도 이 벽과 함께 '빛의 대포'가 있는 지하 경당의 곡면벽이나 몸을 비틀며 올라가는 듯한 종탑이 사람의 움직임을 막아선다. 그리고는 시선을 밀어내기도 하고 잡아당기기도 한다.

독일 철학자 발터 베냐민Walter Benjamin은 지각에 따라 예술이 어떻게 변용되어 왔는가를 다루면서 건축을 예로 드는 것이 제일 좋다고 여겼다. 왜 그랬을까? 어떤 원시적인 사회에서도 사람은 살기 위한 공간이 필요했으므로, 다른 예술이 사라지고 변질되어도 건축은 오랫동안 천천히 이어졌기 때문이다. 베냐민은 사람이 건축을 사용하고 감상함으로써 받아들인다고 보았다. 여기에서 사용한다는 것은 기능과 용도의 의미가 아니며, 방이 좁다든지 싸늘하다든지 하는 신체의 감각을 느끼며 사용하는 촉각적 경험 전체를 말한다.

그러나 그는 촉각적이라는 말의 의미를 달리 해석했다. 촉각적이란 손으로 만지고 몸으로 기대는 것만이 아니라고 보았다. 시간이 걸리고 사고를 매개하면서 다차원적으로 얻는 지각을 '촉각적'이라 불렀다. 어디에 주목하기보다 익숙해지는 것은 촉각적인 수용이다. 여기에서 '오랫동안 천천히' '시간이 걸려서'는 아주 중요하다. 건축의 경험은 물질을 통한 세계 자체를 경험하는 것이므로 촉각과 시각을 모두 포함하여 천천히 지각되는 것이다. 건축에서는 물질의 촉각에 무게 중심이 쏠려 있으나, '촉각적' '시각적'이 아닌 '촉각적-시각적'의 상보적인 관계를 늘 새롭게 인식하는 것이 중요하다. 이처럼 건축의 물질은 경험의 토대다.

물질의 현상

건축물은 언제나 기대를 넘어선다. 사진 한두 장으로는 공간 전체를 이해할 수도 없고 일부만 볼 수 있을 따름이다. 공간의 빛과 소리, 냄새, 사람들의 동작과 같은 것을 다 담아내지 못하기 때문이다. 사진은 건축의 공간적 효과를 다 담지 못하며, 실제로 사람도 건축 공간에 나타나는 이 모든 것을 담을 수 없다. 건물 안을 걷고 살펴보아야 공간적인 이미지가 차례로 펼쳐지게 되어있다. 마치 음악당에서 음악을 들을 때, 직접 들려오는 소리와 반사해서 들려오는 소리가 시간적 간격을 두고 들려올 때 아름답듯이, 건축에서 공간도 마찬가지다.

건축에 사용되는 재료는 돌, 벽돌, 나무, 철, 유리 등이다. 대부분이 하이테크high-tech가 아닌 로테크low-tech 재료들이다. 그래야 신체적이고 직감적인 감각으로 이어진다. 건축은 로우테크의 물질을 구사하여 비물질적이고 '잠재적'인 것을 만들어낸다. 다른 기술은 하이테크의 기술을 신체적인 인터페이스로 만들고자 하지만, 건축이 이미 로테크의 물질을 하이테크의 비물질성으로 변화시켜 왔다.

그리스신화에 나오는 다이달로스Daidalos는 크노소스Knossos 궁정을 지은 세계 최초의 건축가인데, 그의 이름은 "기교가 뛰어난 이" 곧 '명장名匠'이라는 뜻이다. 이 이름은 "기교를 뛰어나게 만들다."라는 뜻의 동사 '다이달레인daidallein'에서 나왔다. 그런데 호메로스Homeros는 다이달로스라는 건축가의 이름을 아주 뛰어난 작품을 언급할 때 동사와 형용사로 사용했다.[14] 그만큼 다이달로스는 재료의 물질성을 넘어 다른 것으로 변환되는 건축의 모습을 잘 구현해냈다고 볼 수 있다. 그러면 어떻게 건축은 물질성을 넘을 수 있을까?

빛은 물질에 닿았을 때 현상한다. 따라서 구조와 재료 없이는 시각적이며 촉각적인 경험을 할 수 없다. 흔히 건물은 견고한 물질로 만들어진 물체라고만 생각하기 쉽지만 이와 정반대다. 견고한 물질이 없으면 가벼운 현상이 생길 리 없다. 플라스틱으로 만든 리코더는 트럼펫과 같은 높은 소리를 낼 수 없고 플루트의 가냘픈 소리를 낼 수 없다. 단단한 금속으로 만들어진 관악기가 하늘을 가르는 음을 내듯이, 무거운 물질로 지어진 건축물에서 무게로 잴 수 없는 현상을 이끌어낸다. 그 관악기와 음이 따로 있는 것이 아니듯이 건축과 그 안에서 일어나는 현상도 하나다.

건축가 스티븐 홀Steven Holl은 「돌과 깃털The Stone and the Feather」[15]이라는 제목으로 글을 썼다. 돌은 '무거운 것' 곧 물질이며, 깃털은 '가벼운 것' 곧 현상이다. 건축은 중력과 무게, 내력, 인장, 비틀림, 좌굴에 따라 매스와 물질을 다루지만, 악기의 오케스트라처럼 나타난다는 것이다. 오케스트라는 실제로 베이스, 드럼, 투바와 같이 무거운 물질로 만들어진 것과 플루트, 바이올린, 클라리넷과 같이 가벼운 물질로 만들어진 것이 대조될 때, 물질이 더욱 동적이 된다고 말한다. 건축의 물질도 이와 같다. 물질이 시각적이며 촉각적인 공간의 경험을 전달한다. 그래서 그는 이 문장의 부제를 '풍경이 건축 속으로'라고 달았다.

건축을 통하여 현상하고, 현상을 통하여 건축해야 하는 이유가 바로 여기에 있다. "재료는 정신, 감정, 욕망을 불러일으키는 심리적인 효과를 준다. 스티븐 홀의 말을 빌리자면, 이것들은 감각을 자극하고 시각을 넘어서 청각으로 옮겨 간다. …… 어떤 환경을 구성하고 있는 재료나 디테일에서 감지感知하는 현상은 지적으로 전달되는 것을 넘어선 곳에 있는 법이다."[16]

신체와 현상에 따라 변화하고 달리 지각하게 되는 것을 이해하고 만드는 이유는 최종적으로 풍요롭고 격조 있는 삶을 위해서다. 또한 모든 감각에 작용하는 건축을 통해 세계에 대한 진정성 있는 경험을 얻도록 하기 위함이다. 철학자 마르틴 하이데거Martin Heidegger가 말하였듯이 인간은 '세계-내-존재being-in-the-world'이며 건축은 그러한 인간의 존재 방식을 분명하게 드러낸다.

시각과 촉각

시각으로 교정된 물체
엔타시스

서양건축사에서 그리스 건축의 기둥은 엔타시스entasis로 되어 있다고 배운다. 엔타시스는 그리스어로 'enteino', 곧 en강하게과 teinein잡아당기다이 합쳐진 말이다. 기둥을 기하학적으로 똑바로 자르면 사람 눈에는 기둥의 한가운데가 안으로 들어가 보인다. 그래서 미리 한가운데를 부풀려 '배흘림기둥'을 만든다. 이는 사람의 눈이 카메라처럼 평판이 아니라 곡면으로 되어 있기 때문에 나타나는 현상이다. 눈이 평판이었더라면 기하학적인 선과 입체가 눈에도 그대로 보였을 텐데 그렇지 않기 때문에 시각적인 보정을 거치게 된 것이다.

그러나 이를 단순히 시각적인 보정을 했다는 정도로 이해하면 안된다. 기둥은 높이의 여섯 배나 떨어진 거리에서 볼 때 똑바로 지각된다. 기둥뿐 아니라 기단도 기하학적으로만 만들면 밑으로 처져 보이기 때문에, 가운데를 올리고 양끝을 낮게 만들어야 비로소 수평으로 보인다. 파르테논Parthenon 신전은 이 기둥들을 2와 3/8 기울여 약 2.5킬로미터 높이에서 서로 만나게 했다. 신전 가까이에서 보면 기단 바닥이 완만한 포물선을 그리고 있음을 분명히 볼 수 있다. 이를 위해 주추柱礎를 중앙에서 약 6센티미터 정도 들어 올려 모든 수평선을 미묘하게 곡선으로 변형시켰다. 바라보는 사람의 눈에 제 길이로 보이기 위해 엔타블레이처entablature의 윗부분인 코니스cornice는 높이의 1/12만큼 앞으로 기울였다. 그래서 고대 그리스 신전은 엄밀하게 곡면과 사선으로 되어 있다.

그러나 실제로 이런 시각적인 보정을 거친 부재를 만들어내는 것보다 직선으로 잘라내고 다듬는 것이 훨씬 쉽고 통솔하기 수월했을 것이다. 한번 상상해보자. 시각을 보정하며 건축물 전체를 만들었다는 것은 그야말로 전체를 지휘하는 뛰어난 건축가가 아니면 도저히 할 수 없는 고도의 작업이었다. 무수한 노동자들이 거대한 건물을 짓기 위해 시각적인 규칙에 맞추어 정교하게 작업한다. 그들이 곡면의 돌을 깎아 맞추는 모습을 그려보면, 이러한 착시 교정을 간단한 다이어그램 정도로 이해할 일이 아니다. 사람의 시각은 거대한 돌덩이를 곡면으로 만들었고, 거대한 돌덩이는 본래의 모습이 아닌 곡면으로 변형되었다.

고대 그리스 사람들에게 '본다는 것'은 생활의 근본 원리였다. 엔타시스는 기둥의 가운데 부분을 부풀리는 것이 목적이 아니라 결국 모든 부분이 각각의 정확한 크기로 보이게 하기 위한 것이었다. 하나의 이상적인 건물을 위해 그것을 이루는 작은 부분까지 완벽하게 들어맞도록, '전체'로 보이는 건물을 만들고자 했다. 물체를 교정해서라도 시각적으로 완벽한 건물을 만드는 것이 이 보정의 본래 목적이다.

에우리트미아

'착시'는 건축이 심메트리아symmetria, 이성와 에우리트미아eurythmia, 감각를 함께 나타내는 현상이다. 고대 그리스 건축에서는 존재와 현상이 균형을 이루었다. 그렇다면 르네상스 시대에도 존재와 현상이 균형을 이루었는가? 그렇지 않다. 당시에는 투시도가 발명되었고 이 시각적인 시스템으로 사물을 바라보았다. 이때부터 건축에서는 '존재로서의 촉각과 현상으로서의 시각이 분리되었다.'[17] 비트루비우스의 용어로 바꾸어 말하면 심메트리아와 에우리트미아가 분리된다는 의미다.

'에우리트미아'는 시각을 통해 아름다움을 얻는 원리로써 각 부분이 심메트리아에 적합하도록, 다시 말해 정확한 비례에 따라 축조되면서 시각에 적합하도록 배치되는 원리다. 달리 표현하면 에우리트미아는 건축의 물적인 측면을 '교란'하는데, 건축 과정을 가리고 속이는 것이라고 할 수 있다. 다만 이를 통해 시각적인 방식으로 건축을 완벽하게 수정한다는 그들만의 목표가 있었다.

'심메트리아'과 '에우리트미아'는 오래전 돌로 건축물을 짓는 시대의 원리였으므로 그저 가볍게 지나칠지도 모른다. 그러나 이 개념은 넓게 말하자면 건축 형태의 존재와 현상, 실제와 지각에 관한 문제였다. 돌 하나를 두고도 만들어지는 돌과 그것을 지각하는 돌이 다르다는 사실을 인식하고 이를 통합하려는 시도였다. 건축의 미美란 이성을 통해 이해되지만, 감각으로 직접 파악되는 면도 있다는 뜻이다. 건축의 아름다움이 회화나 조각, 여타 공업 디자인에서 말하는 아름다움과 같지 않은 것이 바로 이 점 때문이며, 일반적으로 건축의 아름다움을 설명하기 어려운 것도 이성과 감각의 결합 또는 균형을 먼저 이해시켜야 하기 때문이다.

미스 반 데어 로에는 베를린 국립미술관Alte Nationalgalerie에서 내부에 기둥 하나 없이 사방 50미터 유리로 된 홀을 만들었다. 그리고 그 위로 약 8미터짜리 기둥과 한 변이 64.8미터인 철 지붕을 올려놓았다. 이때 지붕이 시각적으로 휘어 보이는 것을 감안하여 한가운데를 10센티미터 높이고 네 귀퉁이는 5센티미터 낮추어 전체적으로 포물선이 되게 했다. 그러나 실제로는 지붕의 자중과 용점에 의한 변용을 막기 위해 17센티미터를 높여야 했다. 이는 1967년에 완성된 중요한 건축적 보정이다.

건축물은 수와 길이, 높이와 넓이, 배열과 리듬 등으로 구성되는 추상적인 물체지만, 다른 한편으로는 변형될 정도로 인간의 시각적 조건이 깊이 결부된 물체다. 그리고 이러한 이론은 오늘날에도 여전히 유효한 건축의 본질이다.

촉각에서 시각으로
시각과 촉각의 분리

건축은 셸터 이상의 역할을 한다. 사람들의 감정과 바람 그리고 즐거움을 표현할 뿐 아니라 이를 전달한다. 기억에 남는 건축물은 공간과 시간, 사물을 하나로 묶어준다. 건축에서 우리는 감각을 통해 세계와 이어진다. 건축을 경험하면 아주 쉽고 친숙해진다. 물론 직접 체험할 때 가능한 일이다. 그러나 건축을 설명하거나 가르치기란 의외로 어렵다. 단번에 포착할 수 없는 총체적이고 복잡한 감각이기 때문이다.

르네상스 시대에는 사람의 오감을 우주의 조직과 연관 지었다. 시각은 물과 빛, 청각은 공기, 후각은 증기, 미각은 물, 촉각은 흙과 관련이 있었다. 감각에도 위계가 있었는데, 시각은 가장 우대를 받았지만 촉각은 가장 낮은 데 위치했다. 특히 투시도법은 시점과 시선을 가장 과학적으로 이용했다. 독일의 화가이자 판화가, 조각가이기도 했던 알브레히트 뒤러Albrecht Dürer의 작품 〈옆으로 누워 있는 여자를 그리는 제도사Draughtsman Drawing a Recumbent Woman〉를 보면, 투시도란 오직 사람의 시선만으로 눈에 보이는 물체를 묘사하는 기술이었음을 알 수 있다. 투시도는 시선으로 사물을 구축하는 방법이다. 따라서 보는 주체와 목표물 사이에 구체적인 매개물이 없다. 뒤러가 그림에 그린 '방안지方眼紙'처럼 이성의 도구가 있을 뿐이다.

르네상스 시대는 예술가와 장인이 분리된 시기였다. 당시 예술가는 소묘를 하고 투시도법을 이해하며 고대 예술에 정통한 사람이지만, 장인은 길드라는 조직 안에서 기법을 연마하는 사람이었다. 그러나 비트루비우스의 『건축십서』를 보면 오더의 설계 이론, 도시 계획, 석조 방식, 해시계 등 건축과 관련된 부분에 예술과 공학이 함께 있었고, 이 두 가지가 합쳐지면서 테크네techne라는 개념이 완성되었다.

　건축가 안드레아 팔라디오Andrea Palladio가 활약하던 시대에 와서는 예술이 더욱 강조되었다. 그는 『건축사서I Quattro Libri dell'Architettura』를 통해 다섯 가지 양식의 비례와 고대 로마의 건축 설계를 소개했다. 그 이후 건축은 예술과 공학으로 분리되고, 촉각적인 것에서 시각적인 것으로 크게 이동했다.

　이러한 현상을 가장 잘 나타내는 예는 건축가 세바스티아노 세를리오Sebastiano Serlio가 설명한 다섯 가지 양식에 대응하는 다섯 가지 루스티카rustica다. 원래대로라면 돌을 쌓아 구조를 만드는 석조 기술로서 촉각의 영역에 해당되던 것을, 이제는 거친 돌과 매끄러운 돌을 다섯 단계로 나누어 골라 쓰게 했다. 말하자면 촉각적인 구조를 시각적인 표현의 수단으로 바꾼 것이다. 그러므로 돌을 쌓는 것이 아닌 돌을 붙이는 방식에 대한 논의는 사실 세를리오의 다섯 가지 루스티카를 위한 돌 붙이기와 같은 맥락이다.

　촉각적인 것에서 시각적인 것으로의 이행은 장인적 건축가상에서 예술가적 건축가상으로 이행하는 것이었다. 이때부터 그림을 그리고 고대 미술에 식견을 가졌으며 보편적 학예를 갖춘 자는 건축가요, 길드 조직에서 기술을 연마하는 자는 장인이라는 개념이 생겼다.

　시각과 촉각의 구분은 건축architecture과 건물building을 구분하는 것과 같다. 촉각적인 공작물에 지나지 않는 건물에 시각적인 예술 요소를 덧붙이면 건축이 된다는 사고가 여기에서 비롯되었다. 건물은 질료지만 건축은 형상이고, 건물은 촉각이지만 건축은 시각이다. 건축 재료는 손으로 만지고 운반한다. 구조도 마찬가지다. 구조는 손으로 구축하는 일이어서 그 자체로 촉각적이다.

이에 비해 비례나 오더와 같은 고대건축의 이론은 모두 시각에 속한다. 건물은 만지는 것이기 이전에 보는 것이다. 촉각적인 것에서 시각적인 것으로의 이행은 건물에서 건축으로 이행한 것과 같다.

건조建造 환경은 거의 시각적으로 이루어진다. 투상도나 투시도와 같은 도면, 사진 그리고 렌더링 기술이 건축 설계 과정에 깊이 관여한다. 건축가도 다양한 시각적 도구를 활용한다. 건물을 설계할 때 자신의 몸을 그 안에 두고 생각하기보다 거의 시각에 의존하여 결정하기 때문이다. 건축가는 그 과정에서 스스로 관찰자가 된다.

건축 잡지를 보면 늘 한쪽에는 건축 작품의 사진이 있고 다른 한쪽에는 도면이 있다. 사진이나 도면, 어느 하나만으로는 충분히 이해되지 않는 것이 건축물이다. 도면은 물체를 어떻게 짜 맞춰야 할지의 관점에서 의미를 갖는 존재 형태지만, 사진은 사람이 공간과 형태를 어떻게 감각으로 경험하는가 하는 관점에서 의미를 갖는 지각 형태다. 이는 건축물에 '눈'이 이끄는 시각적 관계와 '몸'이 이끄는 촉각적 관계가 있다는 아주 단순한 본질이다. 고대건축에서는 이미 오래전부터 '눈'과 '몸'이 분리되어 있음을 알았고, 존재와 현상, 물질과 지각을 나누어 인식했다.

근대건축과 시각

시각적인 질서가 주요 관심사로 떠오른 것은 근대건축에서다. 근대건축의 기초를 이룬 대표적인 건축가들은 시각에 입각해 새로운 건축을 발견하려고 했다. 기능적인 것도 시각적으로 이해하고, 구조적인 것도 시각적으로 해석했다. 이런 과정을 거쳐 근대 예술은 시각 중심의 예술로 변모했다. 네덜란드 디자인 그룹 더 스테일 De Stijl의 예술가 테오 판 두스뷔르흐Theo van Doesburg는 색을 칠한 수직, 수평의 면이 서로 떨어져 허공을 나는 듯한 그림을 선보였다. 〈반구축Counter-Construction〉이라는 작품이다. "벽은 이미 지지체가 아니다." 그는 고정되지 않고 면이 해체되는 새로운 공간을 그렸다. 벽도 바닥도 화면 위에 떠 있는 듯하다. 그러나 이 면은 신체가 닿는 바닥도 아니고 벽도 아니다. 그저 추상적인 공간을 에워싸는 벽이다. 이런 그림이 건축이 되려면 헤릿 릿펠트Gerrit Rietveld의 손스빅 파빌리온Sonsbeek Pavilion과 같이 되어야 한다.

콘크리트는 고대 로마부터 사용되었고, 철은 르네상스 시대에, 유리는 중세 교회에 스테인드글라스로 널리 사용되었다. 재료가 발명된 시기로 보면 철과 콘크리트 그리고 유리는 새로운 재료가 아니다. 그럼에도 근대건축을 설명할 때 가장 많이 등장한다.

미국의 판즈워스 주택Fansworth House 역시 철골과 유리의 건축이다. 이 주택의 기둥은 아주 가늘고 건물 바깥에 붙어 있다. 기둥이라고 보기에는 너무 가늘어서 마치 주택을 구성하는 여러 선 중에 하나로 보인다. 수평면인 바닥과 지붕, 기둥은 구조체를 이룬다. 철골 기둥은 추상화되고, 보는 지붕면의 일부로 압축된다. 20세기를 대표하는 이 주택은 사실상 19세기의 방식을 이어받았지만 극도로 추상화되어 아무것도 없는 것처럼 '보이기' 위한 것으로 완성되었다. 그리고 철골 바닥과 지붕으로 한정된 면에 유리 상자가 떠 있는 듯이 보인다.

이처럼 근대건축은 건축이 추구해야 할 합리화의 이론을 시각적인 질서로 대체한 경우가 많았다. "근대 운동은 효율적인 것이 아름답고, 아름다운 것은 효율적이라고 믿었다. 그런데 그 생각의 무게는 아름다운 것이 효율적이라는 쪽에 있었다. 건물의 시각 구성을 통해 구조적인 효율, 기능적인 효율에 이르렀다."[18] 건축의 합리화는 시각적으로 분명한 형태의 요소주의elementalism에 있었다. 예를 들어 르 코르뷔지에가 『건축을 향하여Vers une Architecture』에서 말했듯이 고딕 건축은 "본질적으로 구나 원뿔, 원통에 기초를 두고 있지 않다. …… 그래서 성당은 매우 아름답지는 않다. 이는 우리가 조형미술 이외의 주관적인 성질에 대한 보상을 그 안에서 찾는 이유이기도 하다." 이때 고딕 건축을 판단하는 잣대는 '시각적'인 조형 요소였다.

인간의 시각은 가장 확실하고 명확하며 멀리 떨어진 사물도 지각하는 특성 때문에 감각 중에서도 가장 우월한 자리를 점한다. 1점 투시도법의 주도로 전체를 한 번에 파악할 수 있는 등질한 격자 시스템이 채택되었다. 그러나 신체와의 거리를 배제하고 사물의 윤곽만으로도 위치를 지정할 수 있다는 이유에서 반성의 대상이 되기도 했다.

근대건축이 공간을 우선으로 여긴 것도 건축을 시각 중심으로 바라보게 한 요인이 되었다. 이에 대한 반성으로 '장소'가 중요한 개념으로 등장했다. 장소는 건축물과 땅이 더욱 긴밀한 관계를 맺어야 한다는 사고에서 비롯되었다. 때문에 가시적인 것 못지않게 구축적이며 촉각적인 것이 요구되었다. 이런 관점은 건축사가이자 건축가인 케네스 프램프턴Kenneth Frampton의 '비판적 지역주의'나 『결구적 문화Studies in Tectonic Culture』에 명료하게 나타나 있다.[19] 비판적 지역주의는 구축물이라는 관점에서 건물을 본다. 그리고 회화 예술에서도 볼 수 있는 면이나 입체, 평면 등의 추상적인 논의에서 벗어나 장소성과 자연의 가치를 강조한다. 그러려면 표상인 만큼 일상적이어야 하고, 기호sign라기보다 사물thing이어야 한다. 장소와 함께하는 사물, 사물에 근접한 신체, 신체의 근거리와 일상, 시각視覺 우선의 건축에서 벗어나 촉각觸覺이 중심에 서는 건축이다.

촉각의 건축

촉각의 친밀감

핀란드 건축가 알바 알토Alvar Aalto의 건축 공간은 등질한 요소를 연속시키거나 확대한 것이 아니다. 그의 건축은 이질적인 단편을 병치하고 그것을 촉각적으로 파악하게 한다. 촉각적으로 생성된 질서는 가까운 곳에 대한 지각을 집적하며, 시간에 따라 천천히 축적된다. 시각적인 건축은 몸에서 분리된 데카르트적인 공간에 의존한다. 그리고 촉각적인 건축은 표면의 텍스처와 디테일로 따뜻한 친밀감을 가져온다. 알토의 건축은 감각적이며 현실적이다.

그의 드로잉은 미완성 상태처럼 보인다. 그러나 그의 건축은 이상적인 시선을 그리는 것이 아니라 몸으로 느끼는 촉각적인 공간을 그리고 있다. 여기에서 촉각적인 것이란 신체 감각과 같은 말이다.

물질에 잠재하는 우발성은 그 디테일이 생기는 장소와도 관련이 있다. 알토의 작품에서 디테일은 균등하게 배치되어 있지 않다. 오히려 공간 안에 두루 퍼져 있다. 1939년에 지은 마이레아 주택Villa Mairea에서도 재료와 공간이 조화를 이룬다. 계단의 목재 난간동자欄干童子가 감고 있는 난간과 등나무로 감은 놋쇠 핸들과 같은 부분이 개체로 존재하며 사람에게 공간의 파문을 일으킨다.

우리가 문의 손잡이라는 물질을 손으로 잡을 때, 건물과 친밀한 관계를 이루게 된다. 바꾸어 말하면 손잡이 하나라도 건물과 사람이 친밀해지도록 설계해야 한다는 뜻이다. 여기에서 친밀한 관계란 손잡이를 잡은 손이 물질의 습도, 경도, 밀도, 균일함을 느끼는 데서 비롯한다.

스티븐 홀은 이러한 상태를 '촉각적인 세계haptic realm'라고 부른다. 어떤 장소에 관한 특정한 체험은 구체적인 형태로 나타난다. 재료는 그것을 자각하는 사람의 감각과 서로 얽힘으로써 시각의 단계에서 촉각의 단계로 우리를 인도한다. 재료가 주는 정감과 디테일은 지적인 전달 이상으로 이러한 심리적 효과를 제공한다.

벽돌의 교훈

건축은 어떻게 '촉각적인 세계'를 만들어내며 어떤 개념을 품고 있는가? 스웨덴 건축가 시귀르드 레버런츠Sigurd Lewerentz가 1963년에 설계한 성 베드로 교회St. Peter's Church를 살피면서 생각해보자. 이 교회는 전체가 클리판Klippan이라는 지역에서 제작한 벽돌로 지어졌다. 벽돌에는 땅의 질감이 살아 있다. 그 지역에서 나온 벽돌이기에 이 벽돌로 에워싸인 공간은 신체를 둘러싸는 환경이 된다.

그리고 오래전 사람이 신에게 경배하기 위해 지은 셸터를 떠올리게 한다. 벽돌이란 진흙에서 나온 것이고 땅을 깎아낸 뒤 불에 구운 것으로, 신의 집도 이 땅으로 만들어진 셈이다. 크기는

75×102×215밀리미터로 한 손에 쥐어진다. 벽돌 쌓기는 사람의 손으로 이루어지므로 신체의 노동이 시각화되는 작업이다. 따라서 벽돌은 촉각의 재료이며, 노동 집약적인 전통 축조 방식을 고스란히 담아낸다.

당시 현장에서 꼭 지켜야 할 사항은 벽돌은 절대로 잘라 쓰지 않는 것이었다. 벽돌을 자르는 행위는 재료를 낭비하는 일이기도 했지만, 편의를 위해 간단히 떼어내는 것이 재료에 대해 진실하지 못하다 여겼기 때문이다. 레버런츠는 벽돌을 잘라 쓴다는 말을 들을 때마다 현장에 갔다고 한다. 그의 이러한 규칙은 형태에 영향을 주기 위해서가 아니라, 재료를 대하는 진실한 태도였다.

벽돌로 벽을 마감할 때도 벽돌이 튀어나오면 튀어나온 대로 두고, 인위적으로 가지런히 하지 않았다. 패턴에 벌어진 틈이 생기면 모르타르mortar로 메웠다. 이를 위해 레버런츠는 현장에서 벽돌 한 장 한 장 쌓는 것을 손수 지도했다. 이렇게 완성된 교회는 다소 거친 분위기가 나고 느슨하고 즐거운 놀이를 연상시켰다.

실제로 성 베드로 교회의 세례반을 보면 벽돌을 자르지 않고 그대로 사용했다. 벽돌을 시공하는 작업자가 벽돌을 꽂으면, 세례반과 모서리를 시공한 뒤 바닥을 깔게 된다. 다시 말해 다 깔고 나서 자르지 않은 것이 아니라, 자르지 않고 꽂은 다음 벽돌 깔기를 시작한 것이다. "그는 부러진 갈대를 꺾지 않고 꺼져가는 심지를 끄지 않으리라." 레버런츠는 구약성서 「이사야서 42장 3절」을 인용하며 벽돌의 나머지 부분을 자르지 않았다. 이는 세례를 받는 이가 벽돌 몇 장을 통하여 자신이 작은 부분에 지나지 않을지언정 잘리지 않는 귀한 존재임을 지각하게 해주었다. 벽돌이라는 흔한 재료가 이러한 의미를 얻을 때, 물질은 시적인 성질을 드러내고 믿음을 확증한다.

레버런츠는 회중會中이 앉는 공간과 제단이 있는 공간 사이에 경계를 만들었다. 제단 부분은 거꾸로 된 벽돌을 정사각형으로 딱딱하게 구성했다. 그 결과 제단 난간에 무릎을 꿇을 수 있게 되었다. 전례와 일상 사이를 잇는 설교대도 제단의 벽돌과 회중석의 벽돌의 경계에 두었다. 다만 모든 과정에서 지나친 것은 마음을 산란하게 하므로 경계했다. 그는 땅에서 난 물질로 언어를 만들고 이를 구축하여 시를 만들었다.

촉각적 시각

촉각은 '최초의 감각the first feeling'이다. 루이스 칸Louis Kahn도 사람이 이 세상에 태어날 때 제일 처음 느낀 감각은 촉각이며, 촉각이란 무언가와 관계를 맺으려고 애쓰는 것이라고 말한 바 있다. "그래서 눈도 촉각에서 나왔다. 보는 것이란 단지 더 정확하게 만지는 것이다."[20] 따라서 이런 논리로라면 눈과 손, 시각과 촉각은 상반되는 것이 아니다.

유리로만 덮인 건물의 투명한 공간을 경험하며 때로는 "공간이 차다"고 말한다. 만지지도 않고 눈으로만 보았는데 마치 만져본 듯이 "공간이 차다"고 표현하는 것은 시각이 촉각과 함께하기 때문이다. "거대한 평판 유리창의 사용에 대하여…… 평판 창은 우리의 건물들로부터 친밀감을 없애고, 그림자와 분위기가 가져오는 효과를 앗아간다."[21] 멕시코 건축가 루이스 바라간Luis Barragan의 말은 시각에만 의존하는 유리의 투명함이 건물의 친밀감이라는 촉각적 경험을 지우고 있음을 뜻한다.

스페인 건축가 안토니 가우디Antoni Gaudí가 설계한 바트요 주택Casa Batlló에는 지금은 쓰지 않는 난로*가 있다. 이 난로는 약간 안쪽으로 들어가 있고, 좌우에 두 사람씩 네 사람이 몸을 덥히는 구조다. 이 난롯가는 그 자체로 머무는 작은 방이다. 정작 불이 타오르지 않은데도 갈색 타일을 붙인 이 '방' 안에는 난로의 모양과 재료만으로 이미 온기가 가득 찬 듯이 느껴진다. 난로의 형태, 그 재료와 표면, 온기를 쬐는 사람들의 친밀한 스케일은 단지 바라보는 것만으로도 이러한 촉각적 경험을 가능하게 만든다.

미술사에서 시각과 촉각의 차이를 근거로 논의한 사람은 오스트리아 미술사가 알로이스 리글Alois Riegl이었다. 그는 '촉각적 haptisch-시각적optisch'이라는 대립 개념으로 고대 이집트에서 로마

시대에 이르는 고대 예술을 분석하였다. 그리고 예술의 형태가 촉각에서 시각으로 파악되고 변화한다고 말했다. 촉각은 독립된 견고한 물체로 확실한 정보를 얻는 데 반해, 시각은 물체에서 멀리 떨어져 인식되는 채색된 면을 택한다는 것이다.

먼저 이집트 벽면에 그려진 인물을 보면 평면적으로 느껴진다. 눈과 어깨는 정면, 얼굴과 다리는 측면이라는 두 가지 시점에서 그려져 있다. 시점을 인물의 정면에 두는 경우, 튀어나온 코와 턱과 발끝은 측면에서 인물을 묘사하지만, 두께나 볼륨 없이 마치 종이를 잘라 붙인 것처럼 그려진다. 이때 주변을 그리지 않고 물체가 고립되어 있어서 인물은 촉각적으로 여겨진다.

그러나 이렇게 촉각적으로 파악되는 것도 어느 정도는 시각적이다. 리글은 이를 '근접시적近接視的'이라고 불렀다. 근접해서 생긴 시각이라는 뜻이다. 이어서 나타난 고대 그리스 미술은 물체의 촉각적인 표현이 주를 이루면서도 깊이에 변화를 주어 촉각적이며 시각적이다. 그런데 로마시대 말기에 이르면 물체가 3차원을 획득하고 시각적인 특성이 강해진다. 리들은 이를 '원격시적遠隔視的'이라고 불렀다.

고대의 예술을 대상으로 이런 이야기를 하니 오늘날에는 활용 가치가 없는 것으로 치부하기 쉽지만 절대로 그렇지 않다. 리글의 논의가 유효한 이유는 촉각도 시각을 배제한 시각이 아니며, 시각이 촉각과 따로 떨어진 것이 아니라는 데 있다. 그는 촉각에서 시각으로의 이행이 정도의 차이만 있지 완전히 대립하는 것이 아님을 증명해 보였다. '촉각적 시각'이라는 개념은 이렇게 오래전에 성립되었다.

시각에 호소하는 감각은 시각적인 것만으로 끝나지 않으며, 시각과 촉각은 분리되지 않는다. 실제로도 시각은 촉각에 호소한다. 반가운 사람을 만나면 얼굴만 보고 헤어지지 않는다. 정말로 반가운 사람과는 악수를 하고 껴안기도 한다. 이는 시각보다 촉각이 훨씬 친밀하고 더 많은 감각을 동원하고 있음을 말해준다. 다리는 통로를 거쳐 안쪽으로 들어가는 것을 체험할 수 있고, 몸무

게가 땅과 바닥에 닿을 때 걷고 멈추는 스스로의 행동을 지각할 수 있다. 주변 환경을 총체적으로 체험하게 하는 것은 물질의 집합이 아니라 신체와 동작을 통한 상호작용이다.

16세기 이탈리아 화가 미켈란젤로 메리시 다 카라바조Michelangelo Merisi da Caravaggio의 작품 〈의심하는 성 토마스The Incredulity of Saint Thomas〉는 만지는 것이 보는 것보다 더 확실하다는 입장을 대변한다. 신약성서 「요한복음 20장 25절」에서 제자 토마스는 예수의 부활을 도저히 보지 않고서는 믿지 못하겠다고 한다. 다른 제자들이 그에게 "우리는 주님을 뵈었소." 하고 말하자 토마스는 이렇게 대답했다. "나는 그분의 손에 있는 못 자국을 직접 보고 그 자국에 내 손가락을 넣어보고 또 그분 옆구리에 내 손을 넣어보지 않고는 결코 믿지 못하겠소." 카바라조는 성서 내용처럼 토마스가 자기 앞에 나타난 예수의 몸에 난 상처에 실제로 손가락으로 넣어보는 장면을 그리고 있다. 토마스의 손가락은 창에 찔린 상처에 이미 최소 한 번은 넣었다 뺀 것으로 그려진다. 피가 묻어 있기 때문이다.

'촉각적 시각'은 재료의 표면만 보고 알 수 없는 시각 이외의 감각, 곧 재료 표면의 질감만이 아니라 두께, 무게, 경도 등 만지는 것만으로는 알기 어려운 바를 알려준다. 그런 이유에서 핀란드 건축가 유하니 팔라스마Juhani Pallasmaa가 지은 『건축과 감각The Eyes of the Skin』이라는 책 표지를 이 그림이 장식하였다.[22] 원서 제목인 '피부의 눈'이란 촉각에 시각이 포함되고 시각에도 촉각의 도움이 필요하다는 뜻이다. 팔라스마는 이 책에서 시각만이 아니라 다른 감각들로 신체를 촉발하는 건축이 어떻게 존재하는지를 설명한다.

벽에 돌을 쌓지 않고 붙이는 것은 시각을 촉각화하기 위함이다. 멀리서 바라보기만 하는 벽인데도 돌을 붙이는 방법은 다양하다. 돌을 붙일 때 어떻게 붙이는가에 따라 돌의 질감을 달리 느끼게 된다. 이는 촉각적인 것을 시각적으로 표현하는 대표적인 방식이다. 최근에 두루 쓰이는 개비온gabion은 돌망태다. 이때 바깥에 드러나는 돌은 표면을 구성하므로 정성스럽게 쌓는다. 그 안쪽에는 의도와 무관한 돌을 넣는다. 돌의 집적인 이 개비온조차도 시각적인 장치로 사용되고 있는 것이다. 그러나 이 시각적인 돌쌓기도 결국은 촉각에 호소하는 것이다.

연속하는 지각

스케일과 거리와 영역
치수와 스케일

건축에는 치수가 있다. 디멘션dimension이라고 하는 이 치수는 크기size와 척도scale, 비례proportion를 비롯해 치수 단위인 모듈module과도 관련된다. 사람은 자기 신체를 기준으로 주변의 세계를 잰다. 그런데 다행히도 인체의 크기가 대체로 일정하여, 보폭이나 손가락 굵기 등 자기 행동 범위를 계측하는 데 유용하다.

십진법十進法은 사람의 열 손가락에서 나왔다. 1큐빗약 50센티미터은 어른 남성의 가운뎃손가락 끝에서 팔꿈치까지의 길이, 1야드91.44센티미터는 가슴 한가운데부터 손가락 끝까지의 길이, 1피트30.48센티미터는 발의 길이다. 우리나라에서도 인체가 중요한 기준이 되었다. 손 크기에서 한 뼘이 1척尺인데 '尺'이라는 한자는 엄지와 검지를 쭉 편 모양을 형상화한 것이다. 1척을 기준으로 표준 척도를 만들 때 손가락 굵기가 1치, 열 손가락을 나란히 편 너비를 1자라고 했다. 건축은 사람이 생활하는 장이므로 그 크기가 인체와 깊은 관계를 가진 것은 당연하다.

스케일scale이란 어떤 것을 다른 것과 비교한 크기를 말한다. 비교하는 한쪽을 일정하게 두고 다른 것의 양을 판단하면 이해하기 쉽다. 이때 일정한 쪽은 이미 알고 있는 것이나 비교적 가까운 사람을 기준으로 사용한다. 이러한 방식은 어떤 민족, 어떤 시대에도 공통적으로 적용된다.

인간적 스케일

갖고 싶은 물건, 사용하기 쉬운 도구, 살기 좋은 주택은 그 물체의 크기나 사람과 공간의 관계에 대해 인체를 척도로 삼는다. 건축에서는 이를 '인간적 스케일human scale'이라고 표현한다. 흔히 사람의 감각 또는 행동에 맞는 건축 공간이나 형태의 크기라고 하지만, 실제로는 크기만이 아니다. 들어 올리는 무게, 이동하는 속도, 보이는 거리, 불안감을 느끼지 않는 거리 등 사람의 감각과 움직임에 적합한 공간의 규모나 사물의 크기 등의 조건을 갖춘 경우를 말하며 신체척도身體尺度라고도 한다.

인간적 스케일은 건축이나 도시에 대해 위화감 없이 편안하게 느끼고, 충분히 파악할 수 있는 디테일이다. 의자나 책상, 베개와 이불 등 주변의 많은 것이 신체에 맞춰져 있다. 재료의 생산도 마찬가지다. 벽돌이라는 단위를 한 손으로 힘들이지 않고 효율적으로 쌓을 수 있는 것도 이런 맥락에서 자연스레 결정된 일이다.

건축물의 공간이나 형태를 1/500이나 1/100의 스케일로 바꾸어 생각한다. 설계할 때는 1/200, 1/100로 검토하지만, 실제로 지어야 할 것은 1/1의 건물이기 때문이다. 그러나 스케일이 어떻게 변해도 신체 스케일은 변하지 않는다. 따라서 어떤 스케일로 그리고 있든지 유지해야 할 것은 1/1의 신체 스케일이다. 이를테면 의자는 신체 스케일을 가장 잘 나타내는 가구다. 따라서 의자를 배열하는 것은 신체를 기준으로 공간을 구상하는 것이다. 또 건물에 수많은 사람이 드나들지라도 개인의 고유성을 잃지 않겠다는 사고를 대변한다. 이처럼 가구를 활용해 신체가 공간의 장을 어떻게 느끼고 인식할지 생각하는 것은 아주 중요한 과정이다.

신체는 건물 유형에 대해서도 다른 느낌을 갖는다. 공장보다는 사무소 건축이 신체와 더 가깝다고 느끼며, 사무소 건축보다는 주택을 신체에 가깝게 느낀다. 이는 각각의 건물 유형에서 금방 연상되는 건물의 크기와 관계가 깊다. 공장보다는 사무소가 더 작게 느껴지고, 사무소보다는 주택이 더 작게 느껴짐으로써, 신체 규모에 가깝게 접근하기 때문이다. 주택이 모든 건축 유형의 기본이 되는 것은 이 때문이다.

그러나 작은 크기나 인간적 스케일만이 반드시 친밀함을 주지는 않는다. 건물 유형마다 고유한 친밀함이 있다고 바꾸어 생각할 필요가 있다. 인간적 스케일이라고 하면 건축에서 반드시 받아들여야 될 것으로 여겨왔다. 그러나 렘 콜하스는 암스테르담에 있는 알도 반 에이크Aldo van Eyck의 고아원 건물처럼 "인본주의라는 이름으로 시설 전체를 작은 구성 요소로 나누고, 이를 인간적 스케일로 다시 만들었으며, …… 고아원에 사는 이들을 작은 '가족들'로 나누었다."고 비판했다. 또 그는 인간적 스케일의 단위를 반복하는 수법으로 생긴 건물이 센트럴 베헤르Centraal Beheer처럼 "고아원이든지 학생 기숙사, 집합주택, 사무소, 교도소, 백화점, 콘서트홀이든지 모든 건물이 똑같아 보인다."[23]고 하며, 인간적 스케일을 앞세워 모든 건물 유형을 똑같이 만드는 것을 경계했다.

주택의 방은 작고 그 안에 사는 사람들 사이의 간격은 좁지만 친숙하다. 보통 신체의 규모라고 하면 이와 같이 어떤 방을 연상한다. 그러나 1,000명쯤 들어가는 컨벤션 홀처럼 넓고 천장도 높은 방에서는 과연 어떻게 신체의 규모를 말할 수 있을까? 한 사람이 차지하는 면적에 1,000배를 한다면 한 사람의 스케일에 1,000배를 하면 되는 것일까? 그렇지 않다. 1,000명이 들어가는 방이라고 해서 규모가 1,000배여야 하는 것은 아니다.

거리

거리距離도 인체가 기준이 된다. 사람은 무의식적으로 주변 거리에 대한 감각을 가지고 있다. 스위스의 동물심리학자 하이니 헤디거Heini Hediger는 동물들도 거품이나 풍선처럼 모양이 불규칙한 거리를 유지한다고 했다. 다른 종류의 개체가 있으면 '도주 거리' '공격 거리' '임계 거리'를 두고, 같은 종류의 개체가 있으면 '개체 거리' '사회 거리'를 둔다. 이처럼 자기 몸과 다른 동물 사이 거리에도 일정한 규칙이 있다.

사람은 타인과 공존하면서 사회생활을 해나간다. 그리고 일정 거리를 확보하면서 마치 눈에 보이지 않는 거품에 싸여있는 듯이 행동한다. 미국의 문화인류학자 에드워드 홀Edward Hall은 이것에 착안하여 『숨겨진 차원The Hidden Dimension』에서 문화마다 발견되는 특유의 공간 지각을 설명했다.

인간관계를 둘러싸고 느끼는 심리적인 영역을 '개인 공간personal space'이라고 한다. 누군가와 일정 거리 이상 가까워지고 싶지 않다고 느끼거나, 다른 사람이 다가올 때 왠지 침착하지 못하고 일정 거리를 유지해야 안심이 되는, 자신만의 공간이 필요한 경우를 말한다. 만원 지하철에서 스트레스를 느낀다든지 별로 친하지 않는 동료와 엘리베이터를 함께 탑승할 때 아무 말없이 층수만 바라보게 되는 것이 이러한 거리 때문이다.

개인이 확보하는 공간은 신뢰관계에 따라 다음과 같이 네 가지 거리대距離帶로 분류한다.[24]

① 밀접 거리密接距離, intimate distance 0-45센티미터:
   신체가 쉽게 접할 수 있는 거리로, 가족이나 애인 등
   친한 사람에게 허락되는 거리.
② 개체 거리個體距離, personal distance 45-120센티미터:
   두 사람이 손을 뻗으면 상대방에 닿는 거리로, 사이 좋은
   친구나 지인 등 사회적으로 가까워도 되는 거리.
③ 사회 거리社會距離, social distance 120-350센티미터:
   목소리는 들리지만 신체에는 닿을 수 없는 거리.
④ 공중 거리公衆距離, public distance 350센티미터 이상:
   강연회나 공식 석상에서 말하는 사람과 듣는 사람
   사이에 필요한 거리.

개체가 독립성을 가지고 집합할 수 있게 결정하는 요인은 부분과 부분의 '거리'다. 건축 공간을 파악할 때 가장 기본적인 개념이다. 예를 들어 시설의 배치 계획은 시설이 서로 근접해야 하는가, 격리되어 있어야 하는가로 결정된다. 시설에 일정한 거리를 두는 경

우, 거리는 저항을 의미한다. 이러한 구분의 개념에는 '영역'과 '조 닝zoning'이 있다. 그리고 격리의 개념으로 금기의 영역, 성스러운 영역 등의 개념이 작용한다.

에드워드 홀은 이와 같이 사람과 사회문화적 공간의 상호 관계를 관찰하는 이론을 '프록세믹스proxemics'라고 정의했다. 흥미 로운 지점은 이 네 가지 거리를 결정하는 것이 신체의 감각이며 촉각에서 출발하고 있다는 점이다. 개인 공간의 거리대는 물리적 인 거리가 아닌 심리적으로나 촉각적으로 느끼는 거다. 피부의 촉각과 결합한 시각에서 확대되기 시작한 거리는 청각과 시각, 다 시 시각을 거쳐 확장한다. 개인이 움직이면 개인 공간도 함께 움직 이므로 신체는 공간을 휴대하고 다니는 셈이다. 건축가 스티븐 홀 도 이렇게 말한다. "자기의 경계는 몸 밖까지 펼쳐져 있다. …… 사 람은 크기를 잴 수 있는 공간으로 둘러싸여 있다. 그러나 이 공간 은 눈에는 보이지 않는 거품과 같다."

대개 이런 설명은 건축계획학에서 인용하며 자세히 바라보 지 않으면 거리에 대한 객관적인 분석처럼 보인다. 그러나 건축이 란 본래 경계를 지어 어떤 영역을 만드는 것이며, 이는 사람과 사 람의 관계에 따라 정해지는 경우가 많다. 건축설계는 가까운 것은 거리를 줄이고 먼 것은 거리를 늘이며 떨어뜨리고 잇기를 반복하 는 작업이다.

영역

스케일과 거리는 신체와의 관계만이 아니라 영역의 감정과도 관 계가 있다. 영역성領域性, territoriality은 동물 개체나 집단이 직접 방 어하거나 신호를 보내서 다른 개체를 배척하고 점유하는 지역을 뜻하는데, 텃세라고도 한다. 영역성은 땅의 경계선을 정하거나 다 른 장소와 구별하는 것에서 경계나 영역의 의미를 갖게 되었다.

모여 사는 집단에게 주어진 공간과 신체적인 사고가 합쳐져 가장 구체적으로 나타나는 것이 '영역'이다. 물론 개인과 집단이 모여 사는 방식이 너무나도 다양하니 그만큼 영역도 다양하다. 강제로 일정 부분만 허용되는 영역이 있는가 하면, 성처럼 다른 사람을 배척하며 혼자 소유하고 과시하는 영역이 있다. 그리고 모여 살면서 공동의 귀속감을 느끼는 주택과 같은 영역도 있다. 사회란 이와 같이 다양한 영역에 형성된 집단으로 구성되어 있다.

건축 공간은 신체를 담는 영역이다. 신체가 어딘가에 머무른다면 그것은 스스로 볼 수 있는 곳, 지각할 수 있는 공간, 사용할 수 있는 영역이 한정되어 있다는 뜻이다. 게다가 사람은 계속 움직이며 이동하는데, 그때마다 조금씩 확인되는 부분과 부분을 이어가며 전체를 완성하게 된다. 인사는 개체 사이의 거리가 '거품'을 침범했을 때 나타나는 행위다. 안전을 확인하려면 그 거품에 들어가지 않는다. 이처럼 사람은 누구나 개체를 감싸는 거품처럼 자기 영역을 갖고 있다. 또 일상에서는 시선을 나누고 서로의 분위기를 감지하는 공동체의 거품을 늘 기억해야 한다.

일상의 모든 감각
모든 감각의 경험 전체

사물에는 크기, 모양, 무게 등이 있다. 사물만이 지닌 성질이다. 이를테면 사과에는 눈으로 보는 색, 손으로 만지는 촉감, 입으로 베어 먹을 때 나는 소리가 있다. 이 모든 것에 사람의 신체가 반응한다. 철학자 존 로크John Locke의 주장이다. 그런데 한 가지 의문이 생긴다. 사과를 지각하지 못했는데 어떻게 사과가 있다는 것을 확인하는가. 그래서 또 한 명의 철학자 조지 버클리George Berkeley는 "존재하는 것이란 지각되어 있는 것"이라고 주장한다. 그렇다면 이렇게 생각해볼 수 있다. 건축물에는 감각기관이 지각하지 않으면 성립하지 못하는 성질이 있다. 이것은 나아가 건축물을 지각하지 않는다면 건축물은 존재하지 않는다는 뜻이다.

건축을 감각과 연관시킬 때 건물이 사람에게 얼마나 중요한지 새삼 깨닫는다. 공간의 지각도 감각을 통해서만 가능하다. 감각에는 시각, 청각, 촉각, 미각 그리고 후각이 있다. 건축물은 다른 어떤 예술보다도 사람의 감각기관에 직접적으로 관여한다. 더구나 신체에 개입하여 각 사물과 현상을 별개가 아닌 전체로서 경험하게 한다. 건축물을 이루는 모든 물체와 공간, 크기, 스케일, 리듬감, 빛의 변화와 그림자, 소리, 바닥과 벽의 촉감, 그리고 그곳에서 움직이는 사람들의 행위와 표정까지 모든 것이 신체에 반응하고 지각된다. 건축물에 모든 감각이 관여한다는 것은 단지 지각되는 대상이 아니라, 사람의 일상을 그만큼 폭넓게 받아들이는 것임을 뜻한다.

미국 화가 에드워드 호퍼Edward Hopper의 〈바닷가의 방Rooms by the Sea〉이라는 작품은 바닷가에 있는 방이 은유하는 텅 비어 있고 열려 있는 감각을 그렸다. 그림 속에는 방이 있고 그 안을 햇빛이 밝게 비추고 있다. 이 방은 그 안에 사는 사람의 눈과 손과 귀에 자기 성질을 보여주고 있다. 방과 사물 그리고 사람의 감각을 통해 나타나는 현상 모두가 현실 속에 있다. 이 방은 매일 살아가는 사람의 방이며, 사물 또한 일상적인 사물이다.

고딕 대성당에 이르면 멀리서 첨탑이 보인다. 성당 앞 광장에는 도시에 사는 수많은 사람이 오가고 그들의 일상이 펼쳐진다. 그 주변에 이르면 성당을 구축한 방식을 볼 수 있다. 가까이 서면 그 크기에 압도되면서도 한편으로는 건축 구조 위에 새겨진 조각물도 보게 된다. 그러다가 성당의 문을 지나 안으로 들어서면 조용하고 어두워진다. 밖에서 보았던 것과는 스케일이 다른 높고 거룩한 공간이 전개된다.

창을 통해 들어오는 변용된 빛이 성당 안을 더욱 거룩하게 조성한다. 빛은 어떤 부분을 밝히고, 또 어떤 부분에는 그림자를 드리운다. 아치는 지나가는 이들의 신체와 함께 리듬감을 준다. 바닥의 돌은 수많은 사람이 지나간 까닭에 발자국들이 포개진 느낌이다. 이때 성당 한가운데서 미사를 올리고 있으면 웅장한 파이프 오르간과 성가대의 목소리가 온 성당 안에 울려 퍼진다.

건물에서 사람의 몸은 눈으로 보고 귀로 듣고 바닥을 밟으며 움직인다. 소리와 침묵, 바람과 같은 자연현상을 늘 체험하며 건물 안에서 산다. 감각기관을 통해 중량감, 촉각, 거리감, 리듬감,

따뜻함과 차가움은 물론이고 지나가는 시간마저 느낀다. 인간이 만든 어떤 물체도 흉내 낼 수 없는 현실의 빛과 그림자를 안과 밖에서 볼 수 있다. 색채나 질감을 느끼며 생활하고 재료와 디테일을 손으로 매만지며 살아간다. 이것이 건축을 짓고 배우면서 알게 되는 즐거움이자 기쁨이다.

공간을 넓히는 청각

건축은 신체의 모든 감각에 관여하는 물체이자 공간이라고 하지만 이것을 완성해내기란 정말 어려운 일이다. 건축은 일차적으로 시각적 현상과 관계한다. 그래서 많은 건물이 아름다운 자태로 서 있으려고 한다. 그러나 건축은 순간적으로 포착하여 사진으로 전달되는 성질의 것이 아니다. 사진에 찍힌 건축물에서는 빛의 따사로움도, 간간히 창을 통해 들리는 바람 소리도, 손에 닿는 촉감도, 공간의 깊이와 거리도 사라져 있다. 공간의 시각적 요소를 흡수하는 것만으로는 온몸에 기쁨을 줄 수 없다.

그렇지만 시각은 신체의 다른 감각을 자극한다. 시각은 한 점을 향해 방향성을 갖지만 청각은 전방위적이다. 시각은 이것과 저것을 분리하지만 청각은 반대로 많은 것을 통합한다. 현대건축이 시각에만 준하여 설계하다가 신체 감각을 잃는 것은 소리가 주는 친밀감을 충분히 다루지 못하기 때문이다. 조용한 소리는 공간에 친밀함을 주고 견고한 돌에 부딪혀 되돌아오는 소리는 기념비적인 성격을 띤다.

"폐허의 어둠 속에서 떨어지는 물소리를 듣고, 어둠의 공허에서 그 공간의 볼륨을 알아차릴 수 있다. 귀로 더듬어 알아차린 공간이 마음 안에서는 동굴로 조각된다."[25] 팔라스마의 말처럼 건축 공간에서도 자연에서와 같이 소리의 펼쳐짐이 공간과 물체를 상상하게 하는 힘이 있다.

오늘날 짓는 건물은 무심코 반향을 흡수하도록 설계되고, 도시는 도로를 넓히는 데 힘써 조용한 골목길의 반향을 없애 버렸다. 그러나 좁은 길이나 비어 있는 성당에서 울리는 반향을 생각해보라. 반향은 공간에 정체성을 부여하고 사람과 공간을 이어 주지 않는가?

소리가 건물과 얼마나 밀접한 관계에 있는지 알려면 건축과 음악이 어울려 경이로운 현상 공간을 만들어내는 대성당을 보면 된다. 거대한 공간에서 공명하는 성가는 흔히 착각하듯이 뒤에서 나오는 소리가 아니라, 성당 안에서 사방으로 퍼진다. 이 소리는 성당 전체에 명료한 울림을 주며 경외심이 들게 한다. 작곡가 하인리히 비버Heinrich Biber의 곡 〈브뤼셀렌시스 미사Missa Bruxellensis〉는 17세기 후반에 잘츠부르크 대성당Dom zu Salzburg Cathedral에서 연주되었다. 53성부로 된 〈잘리스부르겐시스 미사Missa Salisburgensis〉보다는 단순한 23성부로 구성되어 있다. 이들은 대성당의 거대한 돔을 받치는 큰 기둥 네 개에 각각 하나씩 발코니를 매달았다. 제대 쪽 두 발코니에는 솔리스트를, 회중석 쪽 두 발코니에는 악기 연주자를 배치했다. 그리고 제대와 회중석 사이에는 바이올린, 트롬본 등을 두었다.

르 코르뷔지에가 설계한 롱샹 성당의 빛과 물체도 참으로 아름답다. 내부를 비추는 창과 창을 통해 들어와 확산하는 빛이 특히 감동적이다. 그런데 이런 걸작에도 치명적인 결함이 있다. 미사를 집전하는 사제는 미사 경본을 읽을 수가 없을 정도로 내부가 어둡다는 사실이다. 그뿐 아니라 주례 사제와 신자 사이의 거리는 아주 짧은데도 신자들은 사제가 강론에서 무슨 말을 하는지 알아들을 수 없다. 불과 10미터 정도 떨어진 이에게도 잘 들리지 않을 만큼 성당의 음향이 좋지 않다. 성가를 부를 때도 난반사 때문에 집중이 되지 않는다. 건축하는 사람들은 침묵이 흐르는 내부에 조용히 들어가 공간과 형태와 빛에만 감탄하고 돌아오기 때문에 이런 현상을 알지 못한다.

그런데 건축가 루돌프 슈바르츠Rudolf Schwarz가 설계한 뒤렌Düren의 성 안나 성당Annakirche*은 전혀 다르다. 파이프 오르간 연주가 골고루 퍼지는 이곳에서 미사를 드리면, 신체의 모든 감각이 물체와 현상에 작용하고 있음을 느낀다. 이 성당은 롱샹 성당과 비슷한 시기인 1956년에 완성되었는데, 만일 롱샹 성당이 이곳과 가까운 곳에 세워졌더라면 그 허점이 훨씬 일찍 드러났을 것이다.

1966년 알바로 시자가 설계한 레사 다 팔메이라 수영장Piscina das Mares Leça de Palmeira은 처음부터 수영장을 보여주지 않는다. 긴 벽으로 막힌 통로는 수영장을 가로막고 있으며, 경사로가 동선을 아래로 이끈다. 탈의하는 동안에 파도 소리와 바람 소리가 들려오는데, 이 소리가 수영장의 크기와 모양을 상상하게 한다. 탈의실과 벽은 인공적이지만 수영장은 최소한의 벽을 둘러 바닷가의 자연 암석을 그대로 남겨 두려고 했다. 일단 이 벽을 지나 바닷가로 나가면 수영장이라기보다 있는 그대로의 바다가 나온다. 이는 신체와 오감으로 또 다른 공간감을 유발시키기 위한 장치다.

물질, 신체, 현상

스위스 건축가 페터 춤토어가 설계한 '발스 온천 목욕탕'을 보며 물질과 신체와 현상이 공간과 어떻게 연결되는지 생각해보자. 이 온천은 안과 밖이 모두 돌로 지어진 커다란 오브제다. 순수한 돌의 무게는 중력을 즉각적으로 인지하게 해준다. 그러나 돌이라는 물질만으로 중력이 온전히 드러나는 것은 아니다. 벽의 높이는 5미터나 된다. 동시에 돌과 공간의 크기 사이에 사람이 개입되면 돌의 중력과 높은 벽이 신체의 스케일을 넘어선다.

발바닥은 물질의 밀도와 질감을 느낀다. 그리고 돌의 중력이 어느 정도인지 측정한다. 인체의 크기는 공간의 크기를 재지만, 몸의 감각은 물질의 밀도와 무게를 잰다. 이렇게 바닥과 벽에서 받은 느낌이 동굴의 이미지를 그리게 한다. 감각은 몸으로 느끼는 것으로 끝나지 않는다. 감각은 공간을 그리고 과거의 기억이나 이미지를 불러낸다. 이 온천탕에서는 따뜻한 돌과 벌거벗은 피부를 동시에 느낀다. 발이 돌에서 감각을 얻는 것은 재료의 표면과 신체의 표면인 피부가 서로 만났기 때문이다. 촉각은 재료의 질감과 무게, 밀도, 온도를 읽는다.

온천의 돌은 그 자체로 크기를 가지고 있다. 돌이라는 물질,

공간의 크기만이 신체에 관련되는 것이 아니다. 이 돌은 모두 손으로 쥘 수 있는 크기로 잘랐다. 재료의 크기와 형태와 존재감이 신체와 관련되어 있다는 뜻이다. 이것이 벽의 높이와 더불어 다른 공간의 신체적인 크기와 스케일을 결정해주었다. 임의로 쌓은 것처럼 보이지만 돌 몇 개가 쌓이면 15센티미터마다 크기가 같아지도록 했다. 그런데 이런 작은 돌 6만개를 쌓아올렸으며, 사용된 돌의 길이를 합하면 모두 60킬로미터가 된다고 한다. 이곳은 하나하나 켜를 자르고 채석해서 이동하고 조립하는 신체적인 노동으로 다시 중력을 느끼게 한다.

그런데 이렇게 육중한 벽이나 바닥과는 달리 직선을 가르며 빛이 들어온다. 그래서 천장이 공중에 뜬 것처럼 보인다. 빛은 물과 돌이라는 물질의 상호 관계를 눈에 보이도록 해준다. 자연광은 날씨와 계절에 따라 변화하기 때문에 물질을 지각하는 것은 시간과 관계한다.

소리는 견고한 물체 사이를 진동하며 공간에서 반향한다. 이 소리로 공간을 측정하고 스케일을 가늠한다. 이로써 사람은 자기 몸의 크기를 느낀다. 이때 반향의 진폭이 큰 공간에서는 큰 스케일을, 수면 위에 물방울이 떨어지는 소리로는 작은 스케일을 느낀다. 물소리는 내부 공간의 형태와 크기로 정해지고, 물의 흐름과 깊이를 알게 해준다.

이 설명은 춤토어가 설계한 발스 온천 목욕탕에 대해서만 기술한 것이다. 본문에 동원된 단어는 다음과 같다. 물질, 신체, 현상, 공간, 무게, 중력, 높이, 크기, 스케일, 피부, 촉각, 표면, 이미지, 기억, 텍스처, 밀도, 온도, 재료의 크기, 빛, 변화하는 현상, 소리, 진동, 반향, 측정 등이다. 더 생각하면 이보다 많이 찾아낼 수 있을 것이다. 물질과 현상이 신체를 근거로 얻어지는 과정에서 건축적 사고와 용어, 개념이 등장하여 서로 얽힌다.

지각은 연속체

중심시와 주변시

어떤 물체를 집중하여 바라볼 때 눈에 비친 상을 의식하면, 보는 대상 이외의 것들도 희미하게 나타난다. 이렇게 사람의 눈에는 두 종류의 시야가 있다. 먼저 중심시foveal vision는 직접시라고도 하며, 망막 가운데 작은 구멍 주변의 시각세포에 비친 시각이다. 좁은 각도의 시야에서 시선을 집중하는데, 보는 사람을 관찰자로 만들어 공간 밖으로 나가게 한다. 반면 주변시peripheral vision는 해상도는 낮지만 주변 배경에 대한 정보를 끊임없이 받아들이고 대상의 움직임에 민감하게 반응한다.

남성의 눈은 여성보다 정면을 바라보는 능력이 강하다. 아마도 과거에 멀리 있는 사냥감에 초점을 맞추려면 정면을 응시해야 했기 때문일 것이다. 하지만 그만큼 주변에 대한 시야가 좁다. 남자와 달리 여자의 시야는 중심선에서 최대 90도까지 확장할 수 있다. 남자는 중심시에 강하고 여자는 주변시에 강하다. 투시도적인 공간은 중심시의 시선을 강조하며 주변에 대한 포용력이 없는 건축을 만들어낸다. 그러나 주변시의 건축은 무의식적이기는 하지만 공간적이고 촉각적이며 신체적인 경험에서 비롯된다.

물질과 현상은 스케일의 차이

사람의 시야에 주변시가 있다는 것은 초점을 맞춘 사물이 여러 스케일로 다가와 있음을 의미한다. 건축에서 스케일이란 축소된 의미로 '길이의 비례관계'를 뜻한다. 1 대 100은 실제 길이를 1/100로 축소시킨 것이다. 스케일이 1 대 500 이상이면 1미터가 2밀리미터보다 작게 표기되어 건축물 사이의 관계를 알아보기 어렵다. 그런데 1 대 50이면 창문의 모양과 손잡이도 표현된다. 이것이 1 대 1이 되면 건물 크기가 된다. 사람은 1 대 1의 스케일이어야 창문도 보고 땅도 볼 수 있다. 그렇지만 사람이 아닌 개미는 1 대 50에서 사람처럼 창문을 알아볼 수 없다. 개미를 50배로 키워 1 대 1로 만들었다고 하자. 그러나 그것은 개미의 몸이 아니다.

이렇게 생각해보면 1/5,000 정도의 축척에서 사람이 일상에서 대면하는 건물은 개미가 쳐다보는 것과 마찬가지다. 사람과 개미의 크기가 달라서가 아니라, 물체에 대한 스케일의 차이 때문이다. 사람이 생활하면서 어떤 때는 1/5,000로 볼 때도 있고, 1/1로 볼 때도 있으며, 또 1/100, 1/125, 1/63의 스케일로 볼 수도 있다는 뜻이다. 구름은 사람에게 현상으로 인식되고 지각되지만, 개미에게는 물질로 인식되고 지각된다. 이 역시 구름에 대한 사람의 크기, 구름에 대한 개미의 크기의 스케일이 다르기 때문이다. 크기는 분명한 수치지만, 스케일은 신체와 현상에 대해 작용한다.

건물은 안이 있고 밖도 있으며, 몸과 아주 가깝게 있으면서도 멀리 있다. 그 안에 사람이 살고 바람이 통하며 빛과 그림자가 드리운다. 그리고 시간에 따라 이들의 관계가 변화한다. 건물이 없다면 무수한 현상과 신체가 함께할 수 없다. 아주 세부적인 것부터 엄청나게 큰 것까지 건축에서 체험할 수 있는 스케일의 범위는 여러 가지다.

창가에 앉으면 창과 의자가 신체 크기로 다가와 있다. 1 대 1의 스케일이다. 조금 멀리서 나무가 보이고 건물이 보인다. 이 건물은 1 대 10에서 1 대 50 정도 된다. 그리고 저 멀리 있는 물체들은 1 대 100 또는 1 대 1,000으로 보인다. 신체는 이 연속적인 스케일과 함께 있으며 복수의 스케일은 모두 내 몸에서 비롯된 것이다. 와이어 메시wire mesh로 둘러싸인 셸터에 눈이 내려 얼면, 1 대 100 정도의 스케일에서는 표면이 하얗게 현상한다. 그런데 메시 사이에 끼어 있는 눈덩이를 1 대 1로 보면 철망 크기의 얼음*이 물체로 나타난다. 현상은 몸과 몸으로부터의 거리 그리고 스케일로 이루어진다. 그러나 개미가 이 얼음을 본다면 바위처럼 느낄 것이다.

이 예는 건물의 공간과 형태가 인간의 스케일로도 인식되고 지각되지만, 건물의 구조체는 오직 인간적 스케일로만 현상하는 것이 아님을 말한다. 건물 안팎에서 일어나는 현상은 인간적 스케일과 관계있는 것도 많겠으나, 자연현상이란 인간적 스케일과는 전혀 관계없이 일어난다. 또 시각이란 물체와의 거리를 두게 하는 감각이지만, 신체 크기로 다가온다. 1 대 1에서 1 대 100 또는 1 대 1,000으로 스케일이 연속적으로 변화한다는 것은 감각적인 경험이 계속 변화함을 뜻한다.

떨어진 사물이 함께 지각된다

도시 일부를 차지하는 어느 공간의 창가에 앉아 있을 때 흔히 볼 수 있는 장면은 창밖의 풍경과 빛이다. 그와 동시에 공간의 바닥과 탁자도 함께 보인다. 이렇게 멀리 있는 것, 가까이 있는 것 그리고 중간에 있는 것 등이 하나로 겹쳐 나타난다. 비어 있는 크기와 공간, 그 장면을 바라본 시간, 그때의 빛, 공간을 완성하는 재료와 디테일 등은 따로 떼어낼 수 없다. 각 부분이 모여 전체를 이루기 때문이다. 우리가 공간이자 빛이고 물질이며 디테일이라고 부른다 할지라도 최종 단계에서는 모두 하나로 융합된다.

스티븐 홀은 공간을 물질과 감각으로 짜인 직물에 비유하며 지각을 건축으로 만들고자 했다. 그는 수채화˙로 내부 공간의 단편을 자주 그린다. 다이어그램 또는 액소노메트릭Axonometric으로 외관을 그릴 때도 있다. 그러나 이 수채화가 건축 공간을 만들기 전에 그린 것인지, 아니면 도중에 그린 것인지, 또는 완공된 뒤에 묘사한 것인지는 알 수 없다.

일반적으로는 이미지를 스케치하고 모형이나 도면으로 구체화한 다음에 다시 평면, 입면, 단면도를 그리는 것이 순서다. 하지만 홀의 수채화는 이러한 틀에서 벗어나 있다. 공간이 만들어지는 과정을 그린 것이다. 이유는 간단하다. 건축물이 만들어지기 전에도 공간은 지각되고, 만들어지는 동안에도 지각되며, 다 만들어진 다음에도 지각되기 때문이다.

건축 안에서의 현상은 신체를 통해 지각되고 통제된다. 이에 대해 홀은 말한다. "신체가 전진함에 따라서 조망vista은 열리고 닫힌다. 원경, 중경, 근경이 맥박 치는 운동을 하는 것이다. 여러 가지 물체, 벽, 건물, 원근의 위치를 교차시킴으로써 '패럴랙스parallax'라고 부르는 시각상의 지각변동이 이루어지는 풍경을 만들어낸다." 건축은 사람을 그 안에 포함시킨다. 인체는 구축된 공간에서 대면하는 것이 아니라, 그 안에 있는 것이다. 건축은 단지 물리적인 실체가 아니며, 사람의 눈에 주어지는 시각적 이미지의 연쇄 그 자체다.

앞서 메를로퐁티가 언급한 '사이의 현실'은 공간이나 물질, 디테일이 연속하여 펼쳐지는 것이다. 이를 따로 떼어놓으면 그 사물과 현상이 명료할지는 몰라도, 장場에서 결합하지는 못한다. 인간의 경험은 연속적이다. 왜 건축에서 신체와 현상을 논의하는가? 신체와 현상이 자연이나 도시 공간과 어떤 관계에 있는가를 묻기 위해서다.

정경과 공기감

공간적 상황

19세기 화가 귀스타브 쿠르베Gustave Courbet는 〈바다 풍경Marine, Les Equilleurs〉을 그렸다. 그는 공기와 빛을 그리고 구름을 그렸으며 반사하는 바닷물처럼 변화하는 상황, 포착되지 않는 것, 대상 없이 대상의 상태만을 그렸다. 이 그림을 감상하고 있으면 당시 안이 답답하여 바다로 뛰쳐나가 그 풍경을 그린 쿠르베의 예민한 눈에 감탄하고 만다. 구름은 곧 다른 상태로 바뀔 듯하고, 구름으로 가득 찬 하늘은 바람에 이동하는, 눈에 보이지 않는 공기를 그리고 있다. 그런데 더 놀라운 것은 하늘과 구름이 건조하든 습기를 머금든 싸늘한 바람에 식어 있는 듯이 느껴진다는 사실이다. 공기가 바람을, 바람이 온도를 전달해주고 있다.

프랑스 화가 클로드 모네Claude Monet가 그린 〈생라자르역Gare St. Lazare〉도 마찬가지다. 박공지붕이 덮인 공간이 증기로 꽉 차 있다. 습도가 높은 공기, 지붕에서 새어들어오는 몽롱한 빛, 열린 공간에서 비치는 바깥 풍경 등 철도역에서 나타나는 빛, 증기, 연기라는 현상을 그린 것이다.

무지개나 아지랑이, 안개는 모두 물이 만들어내는 현상이지만, 물 방울에 닿는 햇빛과 지면 등의 여러 조건이 개입한 결과다. 황혼은 지평선 아래에 있는 햇빛이 지평선 위에 있는 공기에서 산란할 때 생긴다. 무지개든 아지랑이든 황혼이든 모두 땅이나 나무, 돌이 만들어내는 것이 아니다. 그들은 공기를 통해 보이는 땅이고 나무고 돌이며, 따로 떨어져 있지 않은 채 서로에게 녹아 있다.

건축 공간도 이와 다르지 않다. 어떤 장소에 앉아 있는데 주변에서 소리가 들려와도 아무런 자극을 받지 못할 때가 있다. 그러나 방과 나의 소리가 잘 어우러져 마음에 머물 때도 있다. 그리고 바로 '이 순간, 이 방에서, 이 소리를 이렇게 들었구나' 하고 인식할 때가 정경情景이 그려지는 순간이다. 정경은 공기와 같은 분위기라고 바꾸어 말할 수 있다. 여행에서 만나게 되는 장면도 정경이며 알고 보면 그것은 공기로 둘러싸인 여러 사물의 모습이다. 작은 식당의 식탁, 바깥쪽 나무와 그늘, 주인장이 건네는 말투, 식사하는 사람들의 웅성거림, 레스토랑에서 흘러나오는 음악 소리 등이 나타난다. 이 모든 것이 건물과 마을의 분위기다.

지각되는 공기

방을 가득 채우는 빛은 밝기만 있는 것이 아니다. 방 안에는 늘 '분위기ambience, mood'라는 것이 있다. 그중에서도 빛은 차분하고 상쾌한 분위기를 느끼게 해준다. 빛은 '공기감'을 일으키는 가장 중요한 요소다. 공기감이란 비물질적인 특성과 일시적인 성격을 통해 공간적 경험을 다시 구축하고자 하는 전략이다. 분위기는 색채, 냄새, 빛, 어둠, 텍스처, 상상력, 놀이, 다른 상태나 조건으로의 이행 등을 담아내며, 간단하고 명료하게 내부를 설계하는 일을 말하기도 한다.

좋은 건축이란 그곳에 있는 사람들의 표정으로 이해하고 알아차릴 수 있다. 사람도 없고 사람의 표정도 없는데 건물만 보고 좋은 건물이라 생각할 수는 없다. 그 이유는 아무리 공간이 쾌적하고 빛이 잘 들어와도 그 안에 사는 사람을 압도하는 주택이라면 결코 좋은 주택이 될 수 없는 것과 같다. 아무리 멋진 시설을 보유한 학교라도 학교에서 공부하고 뛰노는 학생들의 표정이 읽히지 않는다면, 그 학교는 편안함과 즐거움과 상상력을 주는 건강한 건축물이 되지 못한다. 건축을 정경으로 바라본다 함은 이런 의미를 담고 있다.

하이데거도 『예술 작품의 근원Der Ursprung des Kunstwerkes』에서 그리스 신전을 '대기의 공간'이라고 말했다. "신전은 그곳에 선 채 바위 위에서 인식한다. …… 또한 신전은 거기 우뚝 서 있음으로써 보이지 않던 대기의 공간이 보이도록 한다."[26] 여기에서 "보이지 않던 대기의 공간"이란 현존하는 신과 건축물을 포함한 풍경 모두를 나타낸다. 신전이 세워지기 전에는 땅이 대기로 감싸여 있었다. 그러다가 신전을 지음으로써 그 건물이 서게 된 장소의 대기까지도 눈에 보이는 것으로 구축해냈다. "보이지 않던 대기의 공간"이란 하늘이고 땅이며, 그 안을 가득 채우는 아침 햇살과 저녁의 석양, 사람들이 움직이는 모습과 그림자, 그리고 공기 안에서 만들어지는 소리 같은 것들이 차지하는 공간이다.

분위기는 어떤 특정한 장소나 사물, 인물을 둘러싸고 느껴지는 빛, 소리, 냄새, 인기척 등을 총체로서 파악하여 하는 말이다. 또 특정 장소나 그곳에 있는 사람들이 자연스럽게 만들어내는 기분, 어떤 사람이 느끼게 하는 특별한 뉘앙스를 뜻한다. 그런데 사전적 의미로는 지구를 둘러싸고 있는 기체, 그 자리나 장면에서 느껴지는 기분, 주위를 둘러싸고 있는 상황이나 환경으로 설명한다. 분위기라는 말의 첫 번째 이미지는 기체다. 화학에서도 이를 분위기라고 하는데, 특정한 기체나 그것으로 만든 혼합기체의 상태 또는 그 기체의 조건 아래 있는 상태를 가리킨다. 그리고 천체, 특히 지구를 둘러싼 대기도 분위기라고 말한다.

하이데거가 말한 "보이지 않던 대기의 공간"이 지각되는 '공기atmosphere'[27]다. atmosphere의 어원은 17세기에 지구를 둘러싸는 가스 모양의 덮개에서 왔다. 이것은 그리스어 'atmos증기'와 'sphaira영역'를 합친 단어다. 과학에서 증기와 같은 공기는 지구의 아래 부분을 나타냈다. 따라서 atmosphere는 물질적인 몸을 둘러 싸는 기체의 겹을 뜻한다. 이 단어를 분위기라는 의미로 번역해서 이해하더라도, 중심어는 '기체'나 '공기'지 사람들의 기분이 아니다.

이렇게 '공기' '대기' 분위기'란 지어진 형태나 색깔, 빛에 관한 것이 아니다. 오히려 연식이 오래된 건물에서 나는 재료의 냄새, 벽을 사이에 두고 흘러들어오는 나지막한 소리, 나무 데크에서 티타임을 가질 때 느껴지는 차의 향기와 미각 같은 것들이다. 정경이라는 공기는 개인의 지각을 떠나서는 존재하지 않지만, 결코 주관적인 것만도 아니다. 건축물은 언제나 '공기감'을 생산해낸다. 고딕 대성당을 보면 그 자체에서 거룩함과 권력의 공기감이 느껴진다. 그러나 공기감은 사용자의 관점이 중요하고 건물에서 얻어지는 촉각적 경험과 실존적 감각, 건물과 사람 사이의 친밀한 관계를 나타낸다.

페터 춤토어는 사물 세계 안에서 사람을 움직이고, 감수성을 자극해 즉각적인 반응을 유도하며, 내재된 것으로 하여금 직접 말할 수 있게 하는 건축의 질quality을 'atmosphere'라고 불렀다. atmosphere는 대기, 공기, 분위기, 특정한 기운이 도는 장소라는 뜻을 갖고 있으므로 '공기와 같은 느낌'이라고 번역하는 것이 더 나을 듯하다. 춤토어는 자신의 책 『분위기Atmospheres』에서 이렇게 말한다. "이 단 하나밖에 없는 밀도와 분위기, 존재하고 있다는 느낌, 행복하고 조화로우면서 아름답다는 느낌. 그것도 달리했다면 바로 이 방식으로는 경험하지 못했을 것을 잠시나마 경험하는 일이다."[28] 이처럼 공기감은 다양한 방식으로 설명해도 확실하게 정의내리기에는 아주 어려운 개념이다.

공기감은 공간에서 발생하는 감각적인 성질로 현상학에서 중요하게 다룬다. 이것은 서로 다른 요소가 결합된 물리적인 지각에 대한 즉각적인 형식이다. 그런가 하면 특정한 장소의 상황, 공기, 기후를 설명할 때 쓰는 일상 용어이기도 하다. 그래서 우리가 실제로 사용하면서 공간을 채우는 물질을 체험하는 것을 말한다. 공기감은 멀리 있는 것이 아니라 가까운 곳에서 일어나는 사물을 주목할 때 얻는 촉각적 감각이며, 특정한 장소와 순간을 일깨운다. 따라서 건물을 통해 보이지 않던예전에는 이해할 수 없었던 것을 어느 순간 알게 되고 보게 되는 시詩[29]의 본성을 가졌다.

홈 파인 공간과 매끈한 공간

건축에서 촉각의 공간, 촉각적 시각의 공간이 왜 중요할까? 재료의 성질을 잘 드러내는 것이 촉각적 공간을 만들어야 하는 목표일까? 그렇지 않다. 촉각의 공간 또는 촉각적 시각의 공간은 근대 건축과 도시 공간을 바꾸어가기 위한 배경이다. 회화 작품을 보는 사람은 일정 간격 떨어져서 감상한다. 하지만 그것을 그린 화가는 그림 속에 들어가야 비로소 그릴 수 있을 때가 있다. 밀밭을 그리던 화가 폴 세잔Paul Cézanne은 이렇게 말했다. "나는 아직 밀밭을 보지 않았다." 세잔은 밀밭에 너무 가까이 들어가 표적을 잃고 신체의 촉각으로만 느낄 수 있는 공간에 있었던 것이다.

철학자 질 들뢰즈와 펠릭스 가타리Félix Guattari는 『천 개의 고원Mille plateau』에서 알로이스 리글의 '시각적-촉각적' 대립 개념을 '광학적-파악적'으로 바꾸어 불렀다. '파악적'이란 촉각, 시각, 청각의 요소가 함께한다는 뜻이다. 문화인류학자 클로드 레비스트로스Claude Lévi-Strauss가 '재배된 사고'와 '야생의 사고'를 대비하여 정의했다면, 들뢰즈와 가타리는 '홈 파인 공간espace strié'과 '매끈한 공간espace lisse'으로 나누어 생각했다. 그러나 이 공간은 단순히 대립되는 것이 아니라 서로 혼합된 채로만 존재한다. 그의 말로 생각해보면 건축물은 어떤 물체보다도 '홈 파인 공간'과 '매끈한 공간'이 합쳐진다. 건축물 안에서 이 두 공간은 서로 결합하고 개입하며 동시에 나타나 뒤섞이며 공존한다.

'홈 파인 공간'은 광학적인 상에 의거하는 공간, 보편적 사고에 의해 닫혀 있고 구획된 공간, 지배하기 위한 질서가 이룬 유클리드적 공간이다. 이 공간은 원근법적 시선으로 결구되고 조직되는 공간, 빛이 깊숙이 들어와 만들어진 시각적 공간이다. 사물이 놓인 자리는 공간의 위치와 같다. 따라서 '홈 파인 공간'은 불변하는 패쇄적 공간이며 머무르는 정주민의 공간이다.

'매끈한 공간'은 시각적인 '홈 파인 공간'과 달리 촉각적이다. 손으로 접촉하는 공간이며 명확한 경계선으로 구획되지 않은 공간이다. 이 공간에서는 방향이나 접속이 연속적이고 어떤 사건들이 일어난다. 이미지로 말하자면 바람으로 생겨났다가 다시 해체되는 모래언덕, 경계와 위계 없이 바람과 소리로 경험되는 바다와 같은 것이다. 공기의 흐름에 따라 촉각이나 청각이 가리키는 방향으로, 길을 잃고 더듬는 촉각적 공간이 만들어진다. 따라서 '매끈한 공간'은 유동하고 이동하며 변화를 거듭하는 유목민의 공간이다. 그리고 이 성질은 접근하는 점 사이에만 존재하며 특정하게 이어지지 않는다.

이 두 공간은 단순히 대립하는 것이 아니라 연결되고 혼합되어 있다. 그래서 섬세하게 접촉하는 행위가 일어나는 비등질의 공간이다. 또 계량할 수 없고 중심이 없는 리좀적인 다양체多樣體와 일치한다.[30] 이러한 다양체는 외부의 어떤 한 점에서 관찰될 수 있는 시각적인 조건으로 파악이 안 된다. '홈 파인 공간' 안에 갇힌 사람들은 자신의 일상생활 공간을 부분적으로 친근하고 '매끈한 공간'으로, 사람의 얼굴이 보이는 공동체로 바꾸도록 실천한다.

정리하면 시각에서 촉각으로의 이행은 물질에 국한된 개념이 아니다. 그리고 단지 시각과 촉각에 대해서만 말하는 것도 아니다. '매끈한 공간'을 '홈 파인 공간'과 대비시키는 이유는 시각적인 것에 치우치지 않고 촉각적인 것을 발견하도록 하기 위해서다. '매끈한 공간'은 경계가 명확하지 않은 어떤 장소나 공간을 만들고 새로운 접촉이 일어나게 해준다.

이는 섬세하게 접촉하는 행위가 일어나는 비등질의 공간이고, 신체로부터 가까운 공간이며, 가깝고 작은 물체의 접촉으로 발견되는 공간이다. 그리고 결국 새로운 공동체를 구현할 수 있는 공간이다. '파악적-매끈한 공간'은 시각이라는 하나의 기관으로 특권화한 제도이자 표상이 아니다. 어떤 강도強度를 가지고 사건을 촉발하는 신체적인 경험이다.

　　그렇다면 '매끈한 공간'이란 결국 무슨 의미일까? 현실 속에서 어떤 의미를 지닐까? 역사적으로 '홈 파인 공간'은 국가가 공간을 조직하는 방식이었고, '매끈한 공간'은 국가에 대항하는 유목민의 방식이었다고 한다. '홈 파인 공간'은 위에서 아래로 계획된 것이며 조정된 공간이지만, '매끈한 공간'은 아래에서 위로, 작은 것에서 조금 더 큰 것으로 형성되는 공간이다. 결국 신체의 촉각적 공간이란 '홈 파인 공간' 안에서도 유목민이나 동굴 거주민으로 도시에 사는 것, 운동과 속도와 완만함으로 변화하고 이동하는 것이다.

3장

건축과 표면

파문은 물과 공기의 대화다. 물과 공기가
물질이라면 파문은 이미지다.

건축의 표면

표면은 표정

표면이란 무엇인가? 제일 먼저 생각나는 것은 두께도 없고 무게도 없는 아주 얇은 무언가다. 표면은 껍질이 아니다. 밖으로 펼쳐지는 지점이다. 건축에는 언제나 표면이 있고 표층이 있었다. 건축에서 표면은 평탄한 파사드를 말하는 것이 아니며, 건축 외장을 말하는 것도 아니다.

표면을 뜻하는 영어 'surface'는 오래된 프랑스어 'sur-위'와 'face얼굴'라는 두 말이 합쳐진 단어다. '얼굴의 위'라는 말이다. 사람이 늙으면 생기는 주름도 '얼굴의 위' 곧 표면이고, 사람이 입은 옷도 몸에 대해 'sur-위'이며, 그 안의 몸이 'face얼굴'다. 지구 표면의 형태와 특징을 연구하는 지형학 'topography'는 'topos장소'와 '-graphia기술하는 것', 곧 어떤 장소를 기술하는 것이다. 얼굴에도 표면이 있고 지형에도 표면이 있으므로 건축에서도 표면을 부차적인 것으로 여길 수 없다.

단청丹靑은 과연 어떤 위치에 있을까? 단청은 목조건물이 비바람에 썩지 않게 하기 위한 장치이지만, 그렇게만 보기에는 여러 가지 빛깔로 무늬를 그려서 화려하게 장식한, 한국 건축의 표정이다. 약 4,000년 전 미노아Minoan 문명으로 돌아가보자. 크노소스 궁정에 있는 왕의 방에는 맹수가, 왕후의 방에는 돌고래와 물고기가 그려져 있다. 아름다운 이 그림 역시 벽을 캔버스로 삼아 그린 벽화이니 일종의 피막이고 표면이다. 그리고 건물 전체로 보았을 때 아주 중요한 표정이다.

눈에 보이는 것은 허위이고 그 속에 감춰진 것이 본질이라고 보는 이념 세계에서 형태와 장식, 표면은 차별받았다. 그러나 현대건축에서는 예술이 원본과 재현이라는 논리는 이미 효력을 잃었다. 본체와 내부, 깊이가 표면보다 더 실재적이고 진실하며 의미 있다는 생각도 이미 사라졌다.

건축에서 표면은 단순한 껍질이 아니다. 파르테논은 구조체가 만든 아름다움의 극치다. 구축 방식도 아주 명쾌하다. 그런데 고대 그리스 신전은 본래 목조 형태를 석조로 바꾼 것이었다. 이처럼 명쾌하고 이성적인 산물도 내외부 표면을 통해 구축 과정을 설명하고 있다.

고대 로마시대 건축에서는 늘 '개선문'을 강조한다. 그러나 개선문은 제대로 구축된 건물이라고 보기 어렵다. 볼트vault라는 구조체가 아주 짧게나마 공간을 만들고 있으며, 벽체가 약간 뒤에 있고 그 앞에 원기둥과 엔타블레이처가 붙어 있다. 벽체 앞에 진짜 구조체가 아닌 기둥과 보가 표면을 이루는 것이다.

한편 콜로세움Colosseum의 외관은 네 개의 층으로 되어 있다. 아래 세 층은 아치가 반복되고 그 좌우에 원기둥이 붙어 있다. 하나하나 잘 보면 모두 개선문이다. 1층의 높이가 제일 높고 위로 올라갈수록 조금씩 낮아진다. 아래에는 안정감을, 위에는 경쾌한 느낌을 주기 위함이다. 1층은 도리아식, 2층은 이오니아식Ionic order, 3층은 코린트식Corinthian order으로 층마다 사용된 기둥이 다르다. 꼭대기 층은 아치 대신에 벽을 위주로 구축했다. 원기둥은 개선문과 같은 방식으로 콜로세움의 표면을 완성했다.

벽면에 붙은 이슬람의 장식 표면은 '휘장'이다. 이슬람 건축에는 무카르나스muqarnas라는 기법이 있다. 둥근 지붕을 떠받치는 스퀸치squinch, 둥근 지붕인 큐폴라cupola, 그 압력을 지탱하는 코벨corbel 등을 기하학적으로 세분하고 모은 구조적 장식이다. 이것은 마치 세포 구조처럼 만든 장식 볼트의 형태이며, 표면을 만드는 픽셀의 구성이다.

나라마다 마을의 표정은 다르고 또 풍부하다. 표면에는 지역의 풍토와 문화는 물론 그 땅의 재료가 그대로 드러나 있다. 건축에서 표면은 안과 밖으로 나누는 경계인 동시에 건물 가장 바깥에서 주변 환경과 만나는 요소다. 그래서 도시 공간과 풍경을 구성한다. '표表'라는 글자만 해석하여 겉, 거죽, 겉면으로만 볼 것이 아니다. 표면은 건물 바깥에 있는 환경과 살아가는 방식이다. 또한 정보를 시각적으로 전하는 매체다.

표면은 물성

수면에는 언제나 파문波紋이 일어난다. 이 파문은 빛을 반사하고 그늘을 만들며 계속 움직이는데 아주 아름답다. 수면은 물과 공기가 만나는 곳이어서 물의 움직임과 공기의 움직임이 맞닿아야 파문이 생긴다. 물이 물끼리만, 공기가 공기끼리만 어울리면 제3의 것이 생기지 않는 법이다.

파문은 그 둘의 만남에 울림이 있어서 생긴다. 파문은 물과 공기의 대화다. 물과 공기가 물질이라면 파문은 이미지다. 그러니까 물질이 이미지로 변하고 또 파문이라는 이미지로 물질을 지각한다. 수면은 표층이므로 2차원의 표층에서 물질과 이미지가 연결된다. 건축의 표층表層도 이와 같다. 물과 공기가 서로 영향을 받아 생기듯이 건축도 언제나 타자와 관계하여 만들어진다. 따라서 표면은 나를 타자에게로 확장해주는 것이기도 하다.

이탈리아 조각가이자 화가인 미켈란젤로 부오나로티Michelangelo Buonarroti가 채석장을 지나가는데 돌 하나가 말을 걸었다. "나는 지금 돌 속에 갇혀 있다. 답답하니 꺼내달라." 미켈란젤로가 그 말을 듣고 돌을 가져다가 깎아내니 모세상Statue of Mosè이 나왔다고 한다. 본질이 물질 안에 숨어 있었다는 의미다. 그런데 프랑스 시인 폴 발레리Paul Valery는 이와 반대로 말한다. "가장 깊은 것, 그것은 피부다." 물리적인 피부는 얇지만 안과 밖을 나누지 않는다. 마치 체스 게임과 같다. 체스 게임은 색을 입히고 선을 그은 체스 보드 위에서 일어나는 것이지, 막이 덮고 있는 그 아래 나무 판에서 일어나는 게 아니다.

건축의 피부에 관해 생각해보자. 흔히 노출 콘크리트라고 하는데 무엇을 노출한다는 것일까. 그것은 당연히 철근을 노출하는 게 아니라, 콘크리트의 표면을 눈에 보이도록 한다는 뜻이다. 흔히 노출 콘크리트가 존재감과 물성을 잘 드러낸다고 하는데, 그 이유는 콘크리트 속이 아닌 표면에 있다. 표면을 노출하면 내구성을 떨어지는데도 일부러 노출하는 것은 해당 건물이 콘크리트 구조임을 강조하려는 의도도. 다만 노출 콘크리트 건물이 지어진 지

얼마 안 되어 깨끗하면 존재감과 물성을 나타낸다 하고, 시간이 지나 지저분해지면 존재감과 물성이 사라졌다고 말한다. 이는 노출 콘크리트의 물성이 표면에 의존하고 있다는 증거다.

노출 콘크리트의 균질한 외관에도 거푸집의 텍스처나 조립 상태가 그대로 흔적으로 남는다. 거푸집을 거칠 때도 있지만, 반대로 안도 다다오安藤忠雄의 고시노 주택Koshino House처럼 콘크리트의 중량감을 줄이기 위해 피부와 같이 부드러운 표면을 구현하는 특정 거푸집을 사용하기도 한다. 그래서 그의 건축물에 나타나는 노출 콘크리트는 시간이 지나도 결코 더러워지지 않는 표면을 얻기 위해 지나치게 단정하고 신경질적인 시공 방식을 택했다. 그러나 목표한 바를 이룬 우등생과 같은 표면에 오히려 위화감이 느껴진다. 마치 균질하게 유통되는 상품처럼 상업적인 이미지를 대신하고 있음을 부정할 수 없다.

모든 물질이 이미지를 담듯이 모든 이미지도 물질을 담고 있다. 아마도 이를 가장 잘 반영한 것이 이슬람 건축의 표면일 것이다. 이슬람 건축에서는 기하학적인 패턴이 무한 반복되며 돌을 아주 정교하게 조각했다. 돌은 마치 옷감에 수를 놓은 문양처럼 보이고, 섬세하게 각인된 문양은 비물질적인 이미지를 불러일으킨다.

이슬람 건축의 아름다움은 서로 조합될 수 없는 재료를 조합함으로써 돌을 옷감으로 표현하고 있다. 이때 '옷감과 같은' 돌은 물질의 비물질적 가치라 할 수 있다. 반대로 이 '옷감과 같은' 비물질성은 돌이라는 물질적 가치를 표현하고 있다. 이처럼 물질성은 비물질적 가치를 표현하고, 비물질성은 물질의 존재를 보증한다. 이미지와 물질은 2차원적인 표층에서만 연결되고, '물질=이미지'가 성립한다. 따라서 물질을 표층적 이미지로, 이미지는 물질로 취급된다.

근대건축의 표면

공간을 형성하는 면

근대에 들어와 표면은 이전에 없던 새로운 모습을 갖추기 시작했다. 세기말 양식의 형태적 특징은 두 가지다. 하나는 구체적인 모티프로서 식물에 주목했다는 점이고, 다른 하나는 건축 형태를 표면으로 바라보았다는 점이다. 세기말 양식은 이 두 가지를 조합하여 보여주었다. 가우디와 같은 건축가는 식물을 통해 자연의 생명력을 건축 조형에 도입했다면, 오토 바그너Otto Wagner와 같은 건축가는 구조체와 함께 표면을 주제로 다루었다. 세기말 양식인 아르누보art nouveau 건축의 양극단은 바로 이 두 인물이다.

표면의 문제는 장식의 문제와 직결된다. 근대의 금욕적인 조형이 어떻게 나왔는지도 결국은 표면에 달렸다. 장식의 과잉을 악취미라고 규정하고 근대의 금욕적인 조형으로 '무장식'을 보여준 아돌프 로스의 주장도 결국은 건축의 표면에 관한 것이었다. 장식을 부정함으로써 근대건축 양식이 생겼다고 말하는 것은 장식과 표면에 관한 논의가 그만큼 깊었다는 방증이다.

장식이 없는 하얗고 평활한 면은 성격이 정해지지 않고 무한정 퍼지는 자유로움을 상징했다. 근대건축이 공간의 균질함을 이상으로 삼았을 때 나타나는 반투명한 면, 반사하는 면, 장식이 삭제된 면은 균질한 공간을 구현하려는 시도였지 면만을 따로 떼어 생각한 것이 아니었다. 그만큼 면, 표면, 표층은 공간을 형성하는 또 다른 표현이었다.

1910년 바그너의 제자 요제프 호프만Josef Hoffmann이 브뤼셀에 설계한 팔레 스토클레Palais Stoclet는 근대건축에서 빼놓을 수 없는 건물이다. 아름답게 장식된 공예품 같은 이 저택은 두껍고 무거운 석조 벽체인데도 얇은 판을 조합한 듯이 보인다. 모서리를 장식하며 건물 전체를 면으로 분할하는 금색 띠 때문이다. 덕분에 이 띠가 둘러싼 면은 금방 분해할 수 있는 별개의 부재처럼 보인다. 케네스 프램프턴은 건축사가 에두아르트 제클러Eduard Sekler

의 말을 인용하여 "구축적으로 중성적"[31]이라고 표현했다. 그러나 이는 외부에서 바라보는 시각적인 효과였고, 내부는 두꺼운 벽에 갇혀 있었다.

1920년대에는 근대건축이 성숙해지며, '국제주의 양식Inter-national Style'으로 발전했다. 이 양식의 가장 큰 특징은 표면을 철저하게 자립시킨 데 있다. 르 코르뷔지에가 '근대건축의 다섯 가지 요점'에서 강조한 '자유로운 입면'이 바로 이런 연유에서 성립했다. 구축된 물체에서 벗어나 자유롭게 펼쳐지는 벽면 효과를 얻고 싶었기 때문이다. 결국 고전건축과 달리 표면을 하나의 평면처럼 압축하여 표현하려는 시도였다.

코르뷔지에의 '자유로운 입면'이란 구조에서 자유롭게 자립한 표면이다. 시각적으로는 경계를 이루지만 공간적으로는 안과 밖을 같게 하는 표면 또는 표층에 관한 생각이다. 그는 새하얀 벽면이 과거와 분리된 보편적 가치를 나타낸다고 여겼다. "석회유야말로 가난한 사람과 부유한 사람이 공유하는 부富이고 모든 인류가 차지해야 할 부富다. 마치 빵과 우유와 물이 노예나 왕 모두에게 공통되는 부富이듯이. …… 과거에서 비롯된 죽은 것들이 하얀 벽에 축적되는 것을 더 이상 용납할 수 없다. 얼룩을 남길지도 모르기 때문이다."[32]

19세기 말에서 20세기 초 조적구조에서 철골구조와 철근 콘크리트구조로 바뀐 구조 형식은 획기적인 변화였다. 벽체는 건축의 하중을 지탱하는 종래의 역할이 해체되어 기둥과 보로 지지되었다. 코르뷔지에의 돔이노Dom-ino 시스템에서 보듯이 캔틸레버 cantilever로, 이념적으로는 벽이 구조체에서 완전히 분리되었다. 구조체 사이를 메우는 벽돌이나 블록, 유리나 가동 칸막이를 모두 '커튼월curtain wall'이라고 한다. 흔히 고층 건물에 붙은 유리로만 알고 있으나, 커튼월은 마치 커튼을 치듯이 하중을 부담하지 않고, 구조체가 아님에도 벽과 같은 역할을 한다. 다시 말해 칸막이로 기능하는 벽 전반을 가리킨다.

일반적으로 커튼월이라고 하면 구조체에서 바깥으로 돌출

되어 새시sash나 멀리온 등으로 지지되어 붙어 있는 가벼운 스크린 면을 말한다. 또는 건물 전체를 감싸는 얇은 외피와 같은 모습을 떠올린다. 즉 스킨skin, 외피과 본bone, 기둥과 보라는 뼈대인 구조체이 명확하게 분절된 시스템이 주는 이미지다. 부분적이기는 하나 커튼월이라고 할 수 있는 초기 사례는 독일 건축가 발터 그로피우스의 파구스 제화 공장Fagus Shoe-Last Factory이다. 이런 커튼월은 아르데코art déco 방식의 뉴욕 마천루들을 비롯한 오피스 건물, 특히 레버 하우스Lever House였다. 그러나 커튼월의 특성을 가장 강렬하게 보여준 예는 1921년 미스 반 데어 로에의 '프리드리히가 오피스 빌딩Fridrichstrasse Office Building 계획안'이었다. 이 안은 유리의 투명한 피막 너머로 떠오르는 적층된 바닥면, 유리로 감싸인 융통성이 있는 평면 등을 보여주었다.

건축은 그 자체로 특별한 덩어리다. 따라서 무한하게 펼쳐지는 공간과 양립할 수 없다. 그런데 '유리'는 물체로 존재하지는 않지만 안과 밖이 동등하고, 균질한 확장을 저해하지 않으며, 공간을 흡수한다. 미스 반 데어 로에의 보편 공간도 표면에 유리를 사용했기에 가능한 것이었다.

그럼에도 내부 공간의 조직은 표면보다 우위에 있거나 최소한 분리된 것으로 간주되었다. "외부는 내부의 결과다."라는 코르뷔지에의 말도, 포스트모더니즘 건축에서 강조한 자립적인 피복도 이에 속한다. 표면은 본체와 내부, 깊이에 대립되는 부차적 대응물이라는 전제가 깔려 있었다.

면의 자립

19세기 오토 바그너가 설계한 스타디온가 아파트 건물Haus Stadion-gasse 6-8을 두고 시민들은 '바지 멜빵 건축'이라고 불렀다. 이 건물 아래의 두 층은 러스티케이션rustication 공법으로 돌을 붙였는데, 위의 두 층은 장식이랄 것도 없는 매끈한 면이었다. 몸통에 해당하는 부분에서 수직 요소가 사라지자 윗도리를 벗어버리고 바지 멜빵만 남은 상반신으로 보였다. 근대건축은 벽면의 표층을 평탄하게 하는 방식을 처음으로 전개했다. 그리고 이 표층은 단순히 표면에만 머물지 않았다. 표면은 곧 공간의 문제이기도 했다. 어떻게 이것이 가능했을까?

먼저 바그너가 설계한 호요스 대저택Palais Hoyos의 입면을 그린 도면은 근대건축이 면의 자립을 어떻게 추구해갔는지 보여준다. 벽은 테두리로 크게 에워싸여 있고 평탄한 벽면에는 약간의 장식이 붙어 있다. 꽃 모양을 한 마욜리카 타일을 붙여 '마욜리카 하우스Majolica House'라는 이름을 얻은 링케 빈차일레 40번지 아파트Linke Wienzeile 40에서는 장식 대신 타일로 표면을 치장했다. 이렇게 되자 파사드의 주역인 벽면은 전체적으로 틀로 에워싸인 면이면서 자유로이 퍼지는 표면으로 대비되었다. 평탄해진 면이 건축의 주제가 된 것이다.

오히려 '면의 분할'이 가장 명료하게 나타난 사례는 바그너의 카를스플라츠역Karlsplatz Stadtbahn Station이다. 이 역은 띠를 면에 붙인 팔레 스토클레와는 다르게 가느다란 선재線材로 분할되어 판의 집합으로 보인다. 구조체가 면을 분할하고 있어서 대리석판을 다 제거하면 구조체만 남는다. 면의 분할이 구조체와 본격적인 관련을 맺고 있다는 뜻이다.

한편 1924년에 지은 릿펠트의 슈뢰더 주택Schröder House은 면이 모두 분해된 것처럼 보인다. 이 주택은 조합된 판이 팔레 스토클레처럼 내부에 갇히지 않는다. 마치 상자를 만들 듯이 자유로운 판으로 구성되어 공중에서 완결된 수직면이 있다. 당대를 대표하는 명작이 된 이유도 여기에 있다. 이 주택은 창틀이나 지지체를 목재로 만들었음에도 트롱프뢰유trompe-l'œil, 즉 눈속임 그림처럼 강렬한 색채로 역학적 관계를 분산하거나 왜곡하고 있다.

그러나 빈의 중앙체신은행Österreichische Postsparkasse에서는 사정이 달라졌다. 중앙의 수납 홀은 바닥과 벽 그리고 천장에 최소한의 장식만을 허용하며, 기하학적인 형태로 되어 있다. 조명 기구와 공조 설비 모두가 즉물적이다. 가장 독창적인 부분은 공간 전체의 볼륨이다. 반투명한 유리 천장과 유리 블록 바닥으로 이루어진 공간은 균질하고 반투명한 경계면으로 에워싸여 있다.

단면을 보면 활 모양으로 굽은 이 볼륨은 유리로 된 박공지붕으로 덮여 있다. 이것은 아주 가느다란 철골 기둥에 서스펜션 suspension 구조로 지지되어 있다. 이 은행의 수납 홀이 근대 이후 건축에서 중요한 이유는 최소의 구조체와 자립한 피막의 관계가 최초로 나타났다는 것, 명료하게 분절된 얇은 경계면이 공간의 볼륨을 감싸고 있다는 것, 유리라는 자립한 면이 자유로이 펼쳐지고 내부를 가득 채우는 빛이 희박한 존재감을 나타낸다는 것, 그 결과 균질하고 반투명한 피막이 내부 공간까지 결정하고 있다는 데 있다. 공간을 감싸는 피막은 국제 양식을 예언한 것이기도 했다.

은행은 중정을 제외한 나머지가 전반적으로 무거운 돌로 되어 있다. 그럼에도 슈타인호프 교회Kirche am Steinhof가 벽돌로 지은 건물에 대리석을 붙였듯이, 화강암 돌판을 붙이고 판 하나하나에 볼트를 고정시켰다. 그래서 멀리서 보면 볼트의 머리가 점처럼 보여 돌인지 금속판인지 구별이 잘 가지 않고, 거대한 입체의 압박감이 덜하다. 이는 돌판으로 만든 표층, 본체에 속하지 않고 자립한 표면을 나타낸 것이다.

표층과 스킨

옷과 피부

"왜 피부색 옷은 없을까?" 아돌프 로스의 질문이다. 우리는 피부색과 같은 옷은 잘 입지 않는다. 자칫 아무것도 입지 않은 것처럼 보이기 때문이다. 이와 같은 맥락으로 화장한 얼굴에서 민낯이 본질이라면 화장은 본질이 아니다. 화장은 민낯과는 다른 면을 보여주기 때문이다. 만일 화장이 거짓이라면 민낯만 진실한 것이 되고, 화장을 해서는 안 되는 것이 된다. 그러나 사람은 화장을 한다.

로스는 이렇게 말했다. "피복의 원리는 자연계에도 있다. 예를 들면 나무가 나무껍질로 피복되어 있는 것과 같이 사람은 피부로 피복되어 있다. ······ 네 방향의 벽을 벽걸이 카펫만으로 마감한 거실은 모방이라고 말할 수 없을까? 벽이 카펫만으로 되어 있을 리 없다고 말할 사람도 있을 것이다. 그렇다. 그대로다. 이 벽걸이 카펫은 카펫 이외의 것이려고 하지 않으며, 따라서 당연히 돌로 된 벽이려고 하지 않는다. ······ 구조벽을 피복하는 마감재로서 자기 역할을 분명하게 보여주는 것이다. 이것들은 피복의 원리에 따라 자기 목적을 충족시키고 있다." 목재로 만들어졌는데 철판처럼 보이도록 하려면 표면에 페인트를 칠하는 것이 당연하다. 오히려 목재의 표면을 목재와 똑같이 보이도록 하는 마감이 문제가 된다. 이것이 그가 말하는 피복의 원리다.

피복의 원리는 옷과 건축을 비교하고, 나무와 사람 그리고 나무껍질과 사람의 피부를 서로 비교하였다. 그러면 휴대전화 케이스는 기기를 보호하는 피부인가? 휴대전화 내부의 정밀한 회로는 액정과 얇은 금속으로 보호를 받고 있는데, 그렇다면 이 액정과 금속은 피부인가? 연필은 가운데 심이 있고 나무와 도장된 페인트가 덮고 있다. 페인트가 피부인가 아니면 심을 덮고 있는 나무가 피부인가? 이 모두가 피부다.

로스는 피복의 원리에서 건물을 '덮는 것'이라고 주장했다. 정리하면, 무한히 펼쳐지는 곳에 벽을 세우고 평면을 구획하여 생기는 여백이 '공간'이다. 따라서 집을 짓는 것은 '보호하는 것'이다. 건물의 바깥 면을 '피막'이라고 부르는 것은 피부와 같다는 뜻이다. 연필에서 제일 중요한 것은 심이지만 그렇다고 연필의 본질이 심은 아니다. 만일 이 세상이 무수한 연필로 둘러싸여 있다면 우리를 둘러싸고 있는 것은 심이 아니라 표면이다. 이렇게 생각하면 우리가 살고 있는 도시는 거대한 피부다.

표층

건축물을 보고 옷을 입었다 혹은 벌거벗었다고 말한다. 건축을 신체로 보기 때문에 나오는 표현이다. 건축에서 표면은 옷과 같은 것이다. 18세기 로코코 시대 조각가 안토니오 코라디니Antonio

Corradini의 〈베일을 쓴 여인Bust of a Veiled Woman, Puritas〉*이라는 조각 작품은 나체에, 아주 얇고 속이 다 들여다보이는 베일을 덮고 있다. '옷의 주름'을 입힌 것이다. 이때 벌거벗은 몸과 베일 모두가 표면이다. 조각의 표면에는 베일로부터 피부까지의 '표층'이라고 부르는 어떤 간격이 있다. 이 작품을 건축적으로 말하면 몸은 완전한 내부가 아니다.

16세기 후반에 완성된 팔라디오의 걸작인 바실리카 팔라디아나Basilica Palladiana는 고전건축에서 가장 성공적인 표층을 가졌다. 기존 건물 바깥에 다시 만든 대리석 스크린을 두고 원기둥과 아치가 도시를 향한 표층이 되게 했다. 이로써 광장과의 관계가 아주 가까워졌다. 이 바실리카는 〈베일을 쓴 여인〉과 같이 밀착된 표층은 결코 아니지만, 내부를 가리면서도 보여주는 일종의 '레이스'와 같은 표층인 것은 분명하다. 마치 건축가 로버트 스톤Robert Stone이 디자인한 '피티드 셔츠Fitted Shirt'[33]와 같다. 이 셔츠*는 대량 생산하는 티셔츠를 조금 크게 만든 다음에, 신체에 맞추어 여분을 박은 것에 비유했다. 이때 발생하는 여유치가 표층을 만든다.

이에 비하면 프랭크 게리Frank Gehry가 설계한 프라하의 댄싱 빌딩Tančící dům의 왼쪽 건물은 〈베일을 쓴 여인〉처럼 유리 피막을 '입고' 있다. 팔라디오의 바실리카보다는 이 건물이 조각상에서 보여주는 표층에 훨씬 가깝다. 이 건물만이 아니라 오늘날 짓는 건물 중에는 투명하거나 반투명한 유리 옷을 입은 형태가 많다.

옷은 사람의 몸에 제일 가깝게 있으며 피부와 같다. 알바 두르바노Alba D'Urbano가 디자인한 옷 '일 사르토 임모르탈레Il Sarto Immortale'는 벌거벗은 사람의 엉덩이나 가슴의 실루엣 등 몸의 일부를 실크스크린했다. 마치 아주 얇은 천을 통해 속살이 비치는 것 같고, 아예 옷을 벗고 다니는 것처럼 보이기도 한다. 본래 옷은 가리기 위한 것이다. 그럼에도 이 디자인은 가리는 동시에 드러내는 옷이 있을 수 있다는 생각에서 만들어졌다. 이렇게 볼 때 이 옷은 〈베일을 쓴 여인〉과 같으면서도 크게 다르다. 조각은 몸과 베일을 밀착하여 투명한 가운데 몸을 드러냈다면, 이 옷은 철저하게 몸은 감싸면서 불투명한 가운데 몸을 드러낸다.

표층이란 '여러 층으로 이루어진 것의 겉을 이루고 있는 층'
이며 영어로는 'surface layer'다. 표면은 제일 바깥 면이지만 표층
은 그것이 한 겹이 아니고 두 개 이상의 겹을 이룬다는 뜻이다. 건
물 표면이 내부와 외부에 대해 모두 반응할 때 이를 표층이라고
부른다. 따라서 표층은 근대건축이 생각했던 편평한 2차원의 면
이 아니다. 1980년대 포스트모더니즘 건축에서도 표층이라는 용
어를 곧잘 사용했다. 그러나 이것은 어디까지나 얇고 교환 가능한
허식이자 기호의 표현이었을 뿐, 본질은 심층에 있었다.

현대건축에서 표면이 아니라 표층이라는 용어를 사용하는
이유는 그것이 안과 밖을 이어주는 인터페이스이고, 표층이 아닌
부분과 외부의 영향이 내부에까지 미친다고 보았기 때문이다. 내
부 공간이나 골격이라는 본체에 대한 인식이 없으면 표층도 없다.
그러나 만일 그 알맹이가 반드시 안에 있지 않고 밖에도 있을 수
있다면, 건물을 덮는 표면은 이제까지와는 다른 역할을 할 수 있
다. 그러면 '공간'을 중심으로 생각했던 건축에 중요한 변화가 생긴
다. 내부와 외부를 표층의 관계에서 생각하면서 건축을 물질로 인
식하는 것이다.

건축에서 표층은 건축을 도시로 자유롭게 끌고 들어가는
방식이다. 복잡한 도시환경에서 표층이 해야 할 역할은 아주 크다.
표층은 바깥쪽과 새로운 관계를 형성시키는 계기여서, 환경과 동
떨어진 건물에서는 소용이 없다. 또 언제나 외부 환경과의 접점에
있어서 환경을 떼어놓고 만들 수 없다.

표층이라는 개념은 원칙적으로 서로 이어지고 지어지는 건
축물의 정면 부분을 말한다. 건축물의 담장이나 정원 또는 공터
를 포함한 건물의 정면, 길가와 도로의 경계 사이에 있는 건축물,
장치물 모두를 포함한 어떤 영역을 가리킨다. 상점이라면 쇼윈도
와 간판, 주택이라면 문이나 담장이 되는, 그야말로 건물의 얼굴
이다. 이 추상적인 용어는 실제로 도시에서 생활하는 이들에게는
자연스러운 개념이다.

스킨

벽돌로 쌓은 건물은 외벽이 구조체다. 이런 건물에는 표층이라는 개념이 따로 없다. 그러나 건물을 에워싸는 외벽이나 지붕 등이 비물질적인 상태를 지향하면 '스킨skin'이라는 용어를 사용한다. 구조가이자 건축가인 펠릭스 칸델라Félix Candela는 하이퍼볼릭 셸hyperbolic shell로 지붕을 가볍게 설계하여 마치 구조체가 스킨인 것처럼 만들었다. 그러나 셸터 내부를 보호하려고 철근 콘크리트를 스킨처럼 표현한 것이지, 내부와 외부는 여전히 구분되어 있다. 또한 안과 밖을 투명하게 이어주는 표피라 하더라도 외기를 끌어들여 호흡한다고는 할 수 없는 것도 많다.

건축의 표면이 건물 내부와 외부 모두에 반응할 때 이를 표면이 아닌 '표층'이라고 부르며 영어로는 스킨이라고 말한다. 사람의 피부는 밖에서 꼬집으면 안쪽까지 통증이 전해진다. 피부는 몸밖이 몸 안으로 바뀌는 지점이며, 뚜렷한 경계 없이 두꺼운 것에서 얇은 것으로 옮겨 가는 기관이다. 건축물이 아닌 디지털 디자인에서의 '스킨'은 사용자가 정보를 얻기 위해 반응한다. 스킨은 사람과 사물이 만나는 면이며, 생명이 있는 것과 없는 것이 만나는 면이다. 스크린을 보며 버튼이나 키패드로 다루는 기기 디자인에서는 '스킨'에 대한 인식이 아주 강하다.

예전에는 벽에 창을 내는 것으로 건물의 모습을 만들어냈다. 그런데 지금은 건물의 안팎을 조절하고 환경을 전달하는 장치가 필요하다. 최근에는 '더블 스킨double skin'이라는 말을 사용하는데, 피부가 두 겹이라는 뜻이다. 더블 스킨은 내부 공간의 거주성을 높이기 위해 커다란 채광창 말고 루버나 유리를 사용한 피막을 한 번 더 두른다. 이로써 채광을 확보하면서도 직사광선을 막거나 공기층을 두는 방식이다.

비행기의 표면은 이와 사뭇 다르다. 비행기의 표면은 감지기로 기류 정보를 파악하다가 난류亂流가 나타나면 마찰 저항을 줄이는 정보를 다시 표면으로 보낸다. 그러면 이 정보를 받은 표면은 경계층을 미세하게 변형시키면서 난류를 제어한다. 이런 면을 '스마트 스킨smart skin'이라고 한다. 특히 표면에 특수한 금속을 코팅한 스텔스기stealth aircraft는 레이더 전파를 흡수하거나 반사하여 적에게 인지되지 않게 만들었다. 이러한 표면은 껍질이 아니라 외부의 정보를 읽어내는 피부와 같다.

블로그의 스킨은 레이아웃을 선택하여 정보의 배치를 정하는 포맷을 제시한 것이다. 스킨을 바꾸는 것은 정보의 구조를 바꾸는 것이다. 이와 마찬가지로 건축가 피터 쿡Peter Cook과 콜린 푸르니에Colin Fournier가 설계한 미술관 쿤스트하우스 그라츠 Kunsthaus Graz의 '피부'는 도시를 걷는 사람들에게 말을 건넨다. 날이 어두워지면 아크릴판 아래에 설치된 930개의 형광 전구가 건물 표면에 비디오아트나 애니메이션 영상을 비춘다. 그리고 매일 아침부터 밤까지 50분마다 5분 동안 초저음의 진동이 일도록 설정해 이목을 끌고 있다. 도심 쪽 입면은 미디어 아티스트를 위한 거대한 캔버스로 만들어 밤마다 환상적인 분위기를 연출한다. 쿤스트하우스는 말하는 건축, 표현하는 건축, 변하는 건축이다.

철학자 마크 테일러Mark C. Taylor는 현대건축의 표면이 갖는 새로운 성격을 이렇게 요약했다. "내부와 외부가 아주 다르듯이 표면과 깊이도 아주 다르다. 그러나 깊이가 투명해졌다고 해보자. 그러면 그것은 또 다른 표면이 된다. 마찬가지로 내부가 투명해졌다고 하자. 그러면 그것은 외부가 된다. 모든 것이 투명해지면 깊이와 내부는 사라진다. …… 깊이도 사라지고 내부도 사라지면 표면은 변형된다. 그러므로 표면은 깊이의 반대말도 아니며 내부의 반대말도 아니다. 표면은 이와는 전혀 다른 무엇이다."[34]

표면은 종횡으로 확장된다. 그래서 현대건축의 표면은 어떤 물체를 감싸는 가장 바깥 면이 아니라, 내부와 외부 사이에서 변형되는 것으로 해석한다.

헤르초크와 드 뫼롱의 표층

건축의 표층은 건물의 가장 바깥에서 주변 환경과 인접하는 요소다. 따라서 도시 공간과 풍경을 구성한다. 건물의 표층은 형태적인 외관만이 아니라, 건축이 능동적으로 환경에 대응하며 교류하는 정보다. 건축사무소 헤르초크와 드 뫼롱Herzog & de Meuron은 건축이란 3차원적인 공간의 전개가 아니라 2차원의 표층이 이끌어내는 공간이라고 본다.

헤르초크와 드 뫼롱의 건축에서는 퍼스펙티브perspective나 액소노메트릭과 같은 도면을 사용하지 않고 있다. 이러한 도면은 사람의 관점에서 지각되는 바를 그리기 때문이다. 이들은 공간의 시퀀스에 따라 건축을 전개하지 않는다. 현상학적으로 사고를 전개하지만, 스티븐 홀과도 크게 다르다. 이들이 만드는 공간은 어디까지나 2차원적인 표층이 드러내는 효과에 관심을 둔다.

'스톤 하우스Stone House'는 콘크리트로 만든 프레임과 돌로 구성되어 있으나, 프레임의 네 모퉁이는 돌로 숨겨져 보이지 않는다. 구조인 프레임은 돌로 된 벽면에 끼어 들어간 것으로 보이기도 하고, 돌로 된 벽면이 구조체인 프레임 사이에 얹힌 듯 보이기도 한다. 그 결과 관습적으로 생각되는 가벼움과 무거움이 표면에서 교차하고 있다. 이것은 건축의 요소와 재료의 상호작용이다. 유리가 유리답고, 돌이 돌다운 합리주의를 넘어 환경과 대응하여 요소의 접합이 변형된 예다.

스위스 바젤Basel에 있는 아우프 뎀 볼프Auf dem Wolf 신호소는 지하 1층, 지상 5층의 콘크리트 구조 건물이고 신호 조작을 위한 전자 기기, 워크 스테이션 등이 있다. 이 건물은 외벽에 약 10센티미터 구리판을 띠 모양으로 촘촘히 감아 두었다. 이는 안에서는 밖을 볼 수 있는데, 밖에서는 안을 들여다볼 수 없는 발과 같은 역할을 한다. 그렇다고 외관만을 고려한 장치는 아니다. 정전靜電 실드 효과로 외부의 전자파로부터 내부의 전자 기기를 보호하기 위한 것이다. 이 신호소는 외벽 표면을 구리 선으로 감아 전자장으로부터 안전한 패러데이faraday 상자를 만들었다. 그리고 그 일부를 약간 휘어서 채광과 통풍을 해결했다. 이 구리 선은 낮에 보면 물질 덩어리처럼 보인다. 낮에는 밖에서 안의 모습을 볼 수 없지만 밤이 되면 사각형 창문으로 빛이 나고 이 빛으로 구리 루버가 반사된다. 신호소는 철로 옆에 만든 무표정한 건물이면서도, 표면에 반사하는 빛과 어둠이 환경을 새롭게 인식시키고 하나의 풍경을 만들어낸다. 따라서 조연이기도 하고 주연이기도 하다.

한편 헤르초크와 드 뫼롱이 설계한 괴츠 컬렉션Goetz Collection은 밖에서 보면 육면체의 볼륨을 이루는 벽면에 유리, 나무, 유리로 이루어진 세 개의 층을 명확하게 표현하고 있다. 그러나 내부는 두 개 층으로 나뉘어 있다. 1층은 절반을 지하에 두고 나머지 절반만 유리로 마감했고, 2층은 은은한 빛을 주기 위해 광택을 없앤 유리로 띠를 둘렀다. 중간 부분은 구조체인 콘크리트에 핀란드산 목재 패널을 붙였다. 유리 표면은 콘크리트보다는 목재에 가깝기 때문이다. 유리는 돌이나 콘크리트와 같이 견고한 것으로 취급된다. 또한 날씨에 따라, 그리고 어디에서 보는가에 따라 단단하게 닫힌 듯이 보이거나 그보다는 조금 가볍게 정원에 떠 있는 나무 상자처럼 보이기도 한다. 외부를 향한 표면이 내부에 영향을 미친다는 생각이다.

마찬가지로 에버스발데공업학교 도서관Eberswalde Technical School Library은 외벽의 콘크리트에 사진으로 문신을 했다. 대지 조건상 직육면체가 된 이 건물은 미리 찍어낸 콘크리트 패널의 표면을 부식시키고, 신문 사진을 반복하여 새겼다. 그 결과 무거운 콘크리트에는 이미지를 남겨 가볍게 하고, 가벼운 유리는 같은 방법으로 좀 더 무겁게 했다. 이 도서관은 유리와 콘크리트라는 재료를 달리 사용하여 이미 알고 있는 재료의 성질을 바꾼 예다.

한편 프라다 부티크 아오야마Prada Boutique Aoyama는 표층이 구조체와 일체를 이룬다. 외피를 마름모꼴 프레임으로 짜고 틀 하나하나에 볼록한 유리면을 달았다. 투명하지 않은 창은 고급 브랜드를 감춘 듯하다. 또 주변에서 비춰 들어오는 상을 왜곡함으로써 이웃하는 건물들과 바깥 풍경을 독특한 모양으로 담아냈다.

　　도미너스 이스테이츠Dominus Estates라는 나파 밸리Napa Valley
의 와이너리에서는 개비온을 건물 표면에 사용했다. 땅에 가까
운 쪽은 돌이 크고 위로 올라갈수록 작아진다. 이는 외부에서 보
는 조형적 이유에서가 아니라 아래층에 포도주 창고가 있어서 바
람은 통하되 햇빛은 최대한 막기 위함이었다. 그런데 이 개비온의
돌은 알려진 바와 달리 큰 돌이 위에, 작은 돌이 아래에 놓였다.
작은 돌들이 망태 안에 더 촘촘히 들어가기 때문에 개비온으로
서는 더 견고하게 '보이기' 때문이다. 물질적으로는 반대이지만 지
각적으로 같다. 양조장의 표면을 '멀리서 보면' 일종의 질감에 필
요한 직물이며 돌로 된 커튼월이다.

반사와 구름

거울은 상을 반사한다. 베르사유 궁전Château de Versailles에서 가장
화려한 방인 '거울 회랑La galerie des Glaces'은 지금의 거울과 비교하
면 상이 흐릿하다. 이 방이 화려한 이유는 수많은 장식 때문만이
아니라 바깥 풍경을 반사하여 더욱 넓고 많은 상이 공간에 가득
차기 때문이다. 거울뿐 아니라 수면도 건물을 반사한다. 건물 주
변에 잔잔하게 물을 채우면 건물은 한층 커진다. 르 코르뷔지에는
찬디가르 도시계획Chandigarh Capital Projrct에서 주지사 관저 앞에 땅
을 파서 아주 큰 정원을 만들자고 제안했다. 실제로 북경의 국가
대극원國家大劇院은 수면에 비치는 나머지 반을 합쳐 완전한 타원
이 물 위에 떠 있는 것처럼 보이는 효과를 연출했다.

　　1960년대 후반부터는 미러 글라스mirror glass가 건물 전체를
뒤덮고 주변 도시를 비추었다. 건물은 비치는 상을 곡면으로 바
꾸기도 하고 건물 윤곽이나 형태를 지우거나 주변이 확장되는 효
과를 준다. 유리로 된 커튼월로 만든 피막은 1980년대의 노먼 포
스터Norman Foster나 렌초 피아노Renzo Piano, 리처드 로저스Richard

Rogers와 같은 건축가들이 차용했다. 그들의 건축물은 다른 것을 표상하지 않는 '하이테크 스타일'로 나타났다.

거울이나 미러 글라스가 아닌 보통 유리로도 주변은 반사된다. 쇼윈도의 유리는 빛의 각도에 따라 이웃하는 건물이나 나무 등을 하나의 풍경으로 비춘다. 마르세유의 구舊 항구 한가운데에는 노먼 포스터가 설계한 마르세유 비유 포르Marseille Vieux Port라는 단순한 구조물이 있다. 이 구조물은 가느다란 기둥 위에 가로 46미터, 세로 22미터의 널찍한 반사 스테인리스 스틸판 한 장을 지붕으로 올려 주변을 반사한다.

건축 표면의 역할 중 하나는 거리 풍경, 주변 건물 그리고 하늘의 구름까지도 건물 유리에 반사하는 것이다. 순수한 조형의 측면에서 보면 구름, 풍경, 건물 등은 모두 불순한 요소다. 이러한 작용을 처음으로 보여준 예가 미스 반 데어 로에의 '유리 마천루 계획안Glass Skyscraper Project'이다. 그는 유리라는 재료에서 새로운 가능성을 발견하고, 유리의 반사성을 이용해 건물을 둘러싼 도시 경관이 표면에 비치게 했다. 그런가 하면 투명한 성질로 그 내부를 들여다볼 수 있도록 했다.

1993년 뉴욕 현대미술관MoMA에서 열린 〈약한 건축Light Construction〉 전에서는 건물을 파악하기 어렵고, 구조물은 무게를 잃었으며, 파사드는 불안정하고 모호하며, 표면은 물건을 싸는 상자나 포장지처럼 보이는 건물의 경향을 보여준 바 있다. 이 전시에서 말하는 '라이트light'에는 빛과 가벼움이라는 두 가지 의미가 있다. 투명성보다는 오히려 반투명한 물질이 특징인 '약한 건축'을 새로운 시대의 표현으로 제시한 것이다. 이 전시는 미스 반 데어 로에와 피에르 샤로Pierre Chareau의 건축을 상기시켜주면서 현대의 컴퓨터나 전자 미디어의 영향도 함께 보여주었다.

그러나 지금은 다르다. 파사드는 베일처럼 작동하고 건물을 보는 사람을 내부 공간이나 형태로부터 멀어지게 하기 때문이다. 그리고 열린 내부 공간에 대한 암시나 파사드를 통해 여과된 빛도 주지 않는다. 이러한 구조에서 투명한 재료를 사용하는 방식은 근대와는 다르다. 지지하는 구조가 이중의 젖빛 유리로 둘러싸인 괴츠 컬렉션처럼 여러 표면의 반사를 통해 극단적으로 시각적인 복잡함을 만들어내고 있다.

미스 반 데어 로에의 표면과 구름

비평가 존 러스킨John Ruskin은 19세기 말 근대의 풍경화에 대해 쓴 글에 이렇게 적었다. "우리는 근대 풍경의 가장 특징적인 예에……눈을 돌린다. 그리고 우리에게 강한 인상을 주는, 아니 강한 인상을 주어야 할 첫 번째는 그들이 표현하는 흐린 날씨cloudiness다."[35] 그런데 이것이 현대건축의 주요 과제가 되었다. 현실과 가상, 물질과 비물질, 자연과 인공 사이의 경계를 흐릿하게 만드는 것이다.

　　현대건축에서 '흐릿하게 만드는 것', 곧 'blurring'이라는 용어는 공기분위기의 덧없음을 표현한다. 이 말을 자주 쓰는 이유는 순간적으로 변화하고 사라지는 것에 대한 감각과 함께 건축을 풍경 안에서 잴 수 없는 것으로 만들 수 있기 때문이다. 이런 감각을 얻으려면 몇 가지 조건이 필요하다. 분명하게 볼 수 없어서 멀리서 볼 때, 부분적으로 볼 때, 초점을 맞추지 않고 주변시周邊視로 볼 때, 희미하게 바라볼 때, 움직이는 차창을 볼 때가 그런 경우다.

　　표면을 구름처럼 흐릿하게 만들면 무엇에 좋은가? 표면에 구름이라도 끼게 되면 어떤 입체가 완벽하게 순수하거나 독립되지 않고, 반사되어야 비로소 경험되는 존재로 바뀐다. 그리고 입체와 자연 사이의 경계가 사라지고 입체의 주변은 투명하거나 반투명하거나 또는 반사된 환경으로 다시 조정된다.

　　마찬가지로 미스 반 데어 로에가 설계한 바르셀로나 파빌리온Barcelona Pavilion은 공간을 막힘 없이 자유롭게 움직일 수 있다. 파빌리온에는 작은 못이 있는데, 게오르크 콜베Georg Kolbe가 만든 〈새벽Dawn〉이라는 조각*이 그 안에 있다. 이곳의 물은 조각을 반사하여 수직의 깊이를 강조한다. 그 주변에 붙어 있는 오닉스onyx라는 돌의 문양을 보면 일정한 높이를 두고 대칭을 이루고 있다. 이 돌의 문양은 파빌리온을 둘러싼 주변의 나무들과도 잘 어울린다.

작은 공간이지만 움직일 때마다 다른 풍경이 벽면에 반사되어 건물이 주변에 용해되어 있다는 느낌을 준다.

표면의 반사 작용은 헤르초크와 드 뫼롱이 설계한 '포룸 2004 빌딩 앤드 플라자 바르셀로나Forum 2004 Building & Plaza Barcelona'에서도 활용한다. 바르셀로나 파빌리온과 같이 건물 아래를 사람들이 자유로이 지날 수 있게 터놓았다. 그리고 벽면과 천장 재료를 반사하여 반대쪽 건물과 거리 풍경을 비추고 있으며, 건물 1층 부분을 전면 개방한 듯이 만들었다.

바르셀로나 파빌리온의 이러한 형태는 현대 건축에서 자주 보는 것이지만 중요한 의미를 지닌다. 이 건물은 유리라는 재료를 통해 빛을 반사하는 상이 건물을 피복한다. 벌거벗은 몸을 완전히 감추면서, 동시에 투명하여 속이 보이게도 한다. 즉 이 계획안은 유리의 반사로 건축물이 옷을 입는 동시에 옷을 벗었다는 이중적인 현상을 보여주었다. 미스의 건축에서 '반사하는 유리'는 아돌프 로스에게는 문신과 같은 것이었다.

이 건물의 재료는 빛을 받아 재료의 본래 성질과 또 다른 성질을 같이 드러낸다. 기둥은 빛의 봉으로 변하고 유리벽은 불투명한 벽으로 변한다. 이때 대리석의 벽은 투명한 벽으로 보인다. 이렇게 이해하기 어려운 변화가 평면에 나타난다. 닫혀 있는데 열려 있고, 형태가 있는데 또 달리 보면 형체가 없고, 벽인데 안개처럼 번져 있으며, 중심 없이 구축되었다. 이러한 표면의 반사는 가상적인 현실을 경험할 수 있는 유체적인 공간을 만들어낸다.

콜베의 조각이 있는 못의 모퉁이에 서면 벽면과 벽 뒤 나무가 유리에 반사되어 방 안에도 숲이 있는 것처럼 느껴진다. 이 못의 경계선이 유리에 반사된 그 자리에, 정확하게 카펫이 깔려 있다. 그래서 내부에도 같은 못이 하나 더 있는 것처럼 보인다. 이 자리에서는 ㅁ자 벽으로 둘러싸여 있다는 느낌을 받는다. 이러한 착각으로 움직일 때마다 또 다른 물체가 반사되어 미로와 같은 공간을 연출한다.

미스의 시그램 빌딩Seagram Building은 전면 도로에서 뒤로 물러나 있다. 그러나 이 빌딩은 무기질적인 유리 건물이 아니다. 시간이 지남에 따라 건물의 투명함과 반사성이 다양하게 작용한다. 유리로 된 마천루 건물이 다 이럴 것 같지만 그렇지 않다. 시그램 빌딩만이 빛과 반사의 미묘한 변화 속에서 여러 모습으로 읽힌다.

비평가 로잘린드 크라우스Rosalind Krauss는 예술가 아그네스 마틴Agnes Martin의 작품을 두고 이렇게 분석했다.[36] "아그네스 마틴의 작품은 모노크롬에 가까운 바탕 위에 줄자와 연필로 특유한 격자를 창조한다. 그런데 이 기하학적 추상 형태가 엄격하지 않고 부드럽고 섬세하게 인지된다." 크라우스는 작품과 눈 사이의 거리를 다음과 같이 정리한다. 먼저 작품을 가까이에서 디테일하게 물성까지 바라본다작품 'Grid' 'Details'. 그러나 선들은 불규칙하고 제소gesso의 균질함을 느낄 수 있다. 그 다음에 격자로부터 뒤로 물러나면 그림의 모호한 일루전이 아까 보았던 물질성과 격자와 함께 보이면서 공기atmosphere가 느껴진다/Grid/. 다시 작품에서 충분히 더 물러나면 조금 전의 공기는 사라지고 벽처럼 뚫을 수 없는 느낌을 준다/Grid/.

이 세 단계는 표면의 물질성에 대한 촉각, 근접시近接視에서 일루전을 수용하는 시각, 원격시遠隔視에 이르는 단계다. 그리고 물체로부터의 거리를 옮기면서 물질성도 아니고 일루전도 아닌 '공기'와 비슷한 무언가를 느끼는 순간이 있음을 지적하는데, 이것이 가장 중요한 대목이다.

이때 필리포 브루넬레스키Filippo Brunelleschi의 원근법을 나타내는 그림을 참조해도 좋다. 이 투시도법은 보는 대상과 함께 '/구름cloud/'도 그린다. /구름/은 사실 대상과는 아무 상관도 없다. 그런데 늘 대상에 붙어 다닌다. 다른 말로 하자면 보는 사람에 따라, 보는 시간에 따라, 보는 장소에 따라 우연히 개입하는 다양한 '현상'을 말한다. 물체는 가까이에서 보면 촉각적이지만, 조금 떨어져서 보면 물성도, 환영도 아닌 공기와 비슷한 무엇이다. 결국 이 글이 말하고 싶은 것은 '촉각적인 것'과 '시각적인 것'은 분열되어 있고, 그 사이에 사물에 혼란을 주는 중간 영역이 개입한다는 것이다. 이 중간 영역이 다름 아닌 /구름/이다. 유리창은 건물을 구성하는 물질이지만, 이 유리에는 하늘과 하늘에서 곧 없어지고 바뀔 구름도 함께 비친다.

미스의 바르셀로나 파빌리온은 정교한 사물로 이루어진 건축물인데, 주변의 풍경이 반사된다. 천장이나 벽, 바닥에도 건물 요소와 바깥 풍경이 반사된다. 이 반사된 것들이 브루넬레스키의 투시도법에 끼어든 /구름/이다. 이와 같은 맥락으로 미니멀리즘minimalism 작품들이 미니멀해야 하는 이유는 물체가 단순한 것이 아니라, 단순함으로써 우연한 현상을 담기 위해서다.

그렇다면 왜 반사하는 것일까? 건축이 주변을 닮아가고, 풍경에 건물을 녹이고, 건물이 풍경에 존재하려 하기 때문이다. 바르셀로나 파빌리온은 뒤쪽 정원과 계단은 비추고 주변의 상을 반사한다. 그리고 이를 건축의 일부로 만든다. 일본 건축가 구마 겐고隈研吾도 이런 논지에서 힌트를 얻어 자신의 건축을 설명할 때 화가 안도 히로시게安藤廣重의 그림을 인용했다. 히로시게의 그림에는 /구름/ 대신에 /비/가 그려져 있다.

부분의 반사와 역설적 대칭성

영국 건축가 로빈 에반스Robin Evans는 「미스 반 데어 로에의 역설적 대칭성Mies van der Rohe's Paradoxical Symmetries」[37]이라는 논문에서 바르셀로나 파빌리온에 나타난 심메트리symmetry와 어심메트리asymmetry의 모순된 관계를 설명한다. 고대에서 질서의 원리로 이해되던 심메트리아를, 우리는 관습적으로 축을 중심으로 하는 반사 대칭 구성으로 파악한다. 그리고 고전건축처럼 정치적인 자세로 중심성이 우월하다고 오해하고 있다. 그는 이를 바꾸어 읽기 위해 '역설적 대칭성Paradoxical Symmetries'이라는 용어를 사용한다.

바르셀로나 파빌리온의 광장 바닥에 깔린 트래버틴travertine 대리석은 못의 경계선 앞으로 약간 튀어나와 있다. 그것이 그림자를 드리워 수면이 대리석 아래 잠겨 퍼지는 느낌을 준다. 안쪽 수면을 둘러싸고 있는 벽면은 수면에서 반사되고 다시 건물의 유리면을 반사하여 정사각형 벽 안에 서 있는 듯한 느낌도 준다.

종래의 대칭 개념으로 보면 이 파빌리온은 흐르는 공간을 비대칭적으로 표현한 근대건축의 최고 작품이다. 그러나 에반스는 이 건물이 수직을 기준으로 좌우 대칭되지 않음을 강조하는 것이 '상하' 대칭성이라고 분석했다. 이 건물 바닥에서 지붕까지의 높이는 312센티미터다. 그는 천장에 접하는 오닉스 벽의 중앙 분할선 위치가 평균적인 신장을 가진 사람의 눈높이와 일치하며, 이로써 상하 대칭성이 강조된다고 지적했다. 또한 바닥에 반사한 빛이 천장에 비쳐 시각적으로 상하 대칭성을 강화해주고 있다.

이 파빌리온의 반사성은 반사광에서 비롯된다. 하지만 반대로 대칭성을 바탕으로 질서 정연한 형상을 만들고 이것이 누적되어 버추얼한 미로의 효과를 낸다는 것은 역설적이다. 이 건물은 주위 환경을 반사하기보다 건물을 구성하는 부분을 수평적이거나 수직적으로 반사한다. 강력한 질서를 주는 대칭이 평탄한 표면에 반사하며 부분으로 분산시키고 있다. 이는 대칭이 반전한 것이며, 단순히 균질하게 펼쳐지는 공간에서 일어나는 시각적 일루전이 아니라, 실제와 경상鏡像으로 부분을 증식하는 배경이 되었다.

'역설적 대칭성'은 빛의 반사만을 말하는 것이 아니다. 파빌리온에서는 벽과 지붕을 비롯한 여러 요소가 대칭적이다. 이는 그들이 이루어내는 전체 평면 배치가 비대칭이라는 것, 수직의 대칭이라는 고전주의적인 규범을 부정하면서도 상하 대칭을 이루고 있다는 것, 고전주의적 관습을 회복하면서도 서열화된 관습은 배제했다는 것, 그리고 대칭을 사용하여 중심을 버리고 균등화를 등장시켰다는 데 의미가 있다. 결국 '역설적 대칭성'이란 형태 전체를 지배하는 규칙이 있음을 부정하는 것이며, 각 부분의 국지적인 규칙이 전체를 교란하는 현상을 말한다.

근대건축은 부분과 전체의 관계에서 대칭적이지 않아도 되는 이유를 부분의 건전함으로 설명하기도 했다. 미국 건축사가 헨리러셀 히치콕Henry-Russell Hitchcock과 건축가 필립 존슨Philip Johnson이 저술한 『국제주의 양식The International Style』에는 「규칙성」이라는 장이 있다. 이들은 '국제주의 양식'인 근대건축이 이미 표준화되어 있어서 좌우대칭일 필요가 없다고 주장했다. '역설적 대칭성'은 이와 같은 단순한 논리를 크게 비판한 개념이다.

장 누벨의 표면과 /구름/

건축물에 반사되는 상은 물질과 빛으로 만들어지는 이미지다. 그것은 모호하고 확실하지 않으며 건물의 물질을 약하게 만든다. 반사된 상은 실제가 아니므로 사람들을 '속이는' 것으로 여길 수 있다. 그러나 반사된 이미지는 빛이고 시간이며 둘러싸고 있는 주변의 상황을 드러낸다. 이는 건물이 주변과 구분되지 않고 함께하는 방식이다. 이처럼 건물의 면에 무수한 상을 반사시키는 건축은 건축이 자율적으로 존재한다고 보지 않는다. 언제나 외부 상황을 따르며, 외적인 촉매가 있을 때 비로소 건축이 환경을 종합적으로 조작할 수 있다고 주장한다. 건축은 건축 이외의 것을 건축으로 치환하여 생각하는 것이다.

프랑스 건축가 장 누벨Jean Nouvel이 설계한 '카르티에 재단 본부Fond-ation Cartier pour l'Art Contemporain'의 투명한 유리 스크린은 건물을 비추고 하늘을 반사한다. 또 건물 앞뒤에 있는 나무가 투과되고 반사되어 시각적으로 교란한다. 나무는 19세기 작가이자 외교정치가 프랑수아르네 드 샤토브리앙François-René de Chateaubriand이 심은 레바논 삼나무를 비롯한 십여 그루가 있는데, 이 숲을 두 장의 거대한 유리 스크린으로 막아 '건축화한 랜드스케이프', 즉 자연의 초현실적인 풍경으로 만들었다. 유리라는 투명한 인공적인 필터가 자연의 존재를 더욱 강하게 느끼게 해준다. 관찰자는 하늘을 보고 있는지 반사하는 것을 보고 있는지 잘 알 수 없기도 하고 또 그 두 가지를 모두 볼 수도 있다.

백화점 중앙에는 모든 층에 걸쳐 커다란 원형 공간을 두어 층마다 진열된 물건과 움직이는 사람들을 한눈에 볼 수 있게 만들었다. 그런데 장 누벨의 라파예트 백화점Galeries Lafayette은 위로는 큰 원뿔형, 아래는 작은 원뿔형의 트윈 공간이 건물 한가운데를 차지하고 있다. 그 결과 아래에서 위로, 위에서 아래로 공간의 크기가 연속적으로 변하면서, 유리를 통해 반사되는 이미지들이 더 많이 겹쳐 보이는 효과를 주었다.

　장 누벨이 설계한 루체른 호텔Hotel Lucerne 지하에는 레스토랑이 자리한다. 이 레스토랑은 벽면 상단에 창을 두고 그 앞에 반사판을 설치했다. 밖을 지나는 행인들과 가로수가 이 비스듬한 판에 반사되어, 앉은 사람 눈높이에 맞춰진 또 다른 반사판에 비친다. 지하층이지만 풍경이 보이니 도로에 면하여 식사하는 듯한 느낌을 받는다. 이렇게 표층은 쌍방향이다.

　그는 국립 소피아 왕비 예술센터Museo Nacional Centro de Arte Reina Sofía에 아주 큰 지붕을 덮고 옥상 테라스를 전망대처럼 만들었다. 주변 환경은 이 지붕 밑면에 뒤집힌 채로 반사된다. 그뿐 아니라 높고 낮은 유리면에 반사된 건물, 도로에서 움직이는 차와 사람 등 여러 상이 겹쳐 도시 풍경을 조망할 수 있다. 촉각적인 건물의 물질성과 건물의 면에 반사된 시각성 사이에 건물, 도로, 차, 사람 등 사물에 혼란을 주는 중간 영역이 개입한다. 이렇게 건물과 주변이 서로 용해된다.

　"건축의 물음은 우리를 둘러싸는 세계를 이해하고 즐기는 데서 나오는 것이지 그 내부에서 일어나는 것이 아니다. …… 근대적인 것이 르 코르뷔지에적인 것은 아니다. 나타나는 모든 현상에 대해 예민한 태도를 갖는 것이고, 그 사태를 외부를 통해 횡단하며 조작하는 것이다."[38] 여기에서 외부란 도시적 상황이다. 장 누벨은 변화하는 빛과 시간성, 영화처럼 움직이는 빛의 이미지에 주목한다. "영화관이란 물질이 존재하지 않는 것처럼 만드는 일종의 거래소다. 영화관은 물질이 아니라 빛을 생산하는 산업의 특권적인 공간이 되었다. 거대한 건축물이 자랑했던 저 거창한 유리 지붕에는 빛이 통과했고, 갑자기 스크린 위에 빛이 모였다. …… 거대한 영화관은 대성당과 비교된다. 대성당 자체가 햇빛이 비추는 영사실이다."

　그에게 건축은 거대한 화면이며, 벽면은 이미지의 벽이다.

강한 햇빛은 명암을 강조하며 물질성을 드러내지만, 도시적 상황은 스크린과 같은 얇은 면에 비추거나 반사하는 빛으로 비물질적인 것이 되어 나타난다.

표면의 반사는 건물을 구성하는 특정한 요소에 가상성과 모호함을 준다. 또 불확정적이고 일시적으로 수렴하는 그 순간에 건물의 한계, 건물의 정면을 사라지게 한다. 따라서 건축은 "가상적인 것들이 실재화될 때, 거울 뒤에서, 이미지를 통해, 어떠한 활동이 나타나고, 이행되기 시작하며, 현실적인 것으로 이해될 때의 효과를 구상하는 것이다."[39] /구름/은 물질적인 것과 물질적이지 않은 것 사이에서 '가상의 건축virtual architecture'을 만드는 요인이다.

장 누벨의 투명성은 이전과는 달리 새로운 이중적 형태를 취하고 있다. 근대에는 투명성이 보이는 것과 보이지 않는 것을 의미하며 주로 벽이 없는 형태를 추구했다. 그러나 그의 투명성 transparency은 '모습의 가변성trans-appearance'이라고 바꾸어 말할 수도 있다. 유리로 덮여 있어도 시선이 관통하기 어렵고, 유리를 겹으로 사용하면서도 끊임없이 변화하는 단단한 매스처럼 느껴진다. 따라서 그의 비물질성은 미스가 추구한 안과 밖의 연속성과는 달리 '사이 공간'으로 작용한다.

도미니크 페로의 표면과 /구름/

프랑스 건축가 도미니크 페로Dominique Perrault는 아무것도 아닌 것으로 유발되는 효과에 주목했다. "나는 아무것도 아닌 것nothing에 매료되어 있다. 아무것도 아닌 것에서 나오는 효과를 창조하는 것. 아무것도 아닌 것은 가까이 보면 매우 풍부하고 복합적이어서 수많은 예상하지 못한 세계를 발견한다."[40]

아마도 이런 그의 생각을 잘 나타내는 것은 1996년에 구축한 덴마크의 콜로니하베우스 설치물Installation Kolonihavehus일 것이다. 이 설치물은 집 한 채, 나무 한 그루, 에워싸는 요소만으로 개인이 소유하는 자연을 나타내려고 했다. 나무 한 그루를 네 장의 투명한 유리가 벽처럼 에워싼다. 유리 접합부는 각 면에 두 개씩 모두 여덟 개만 있고 그 이외에는 아무것도 없다. 그러면 유리 상자는 사라진 듯 보이고 나무만 남는다. 새벽에는 온도가 내려가 서리가 생기고, 온도가 올라가면 서리가 사라진다. 아무것도 없는 듯이 보이기 때문에 이런 자연의 변화가 완성되지 않은 요소들을 지속해서 드러낼 수 있다. 결국 건축물은 사라지고 주변의 맥락만이 드러난다.

그가 1999년 설계한 아프릭스 공장Aplix Factory의 길이는 300미터에 달한다. 멀리서는 수평선으로 지각된다. 그러나 가까이 다가가면 매끈한 반사면이 땅과 나무를 하늘과 함께 담는다. 이는 지각을 확장하고 건물의 물질적인 경계는 지운다. 더 가까이 가면 표면에 각진 스테인리스 스틸 패널이 비스듬하게 연속되어 있다. 더 밝게 반사하는 패널의 수직선은 풍경 이미지를 절단하고 왜곡하여 번져 보이게 한다. 그리고 주야와 계절의 변화로 풍경과 공기가 계속 변화하는 가운데, 대지의 풍경과 공기의 색을 추상화한다.

베를린의 올림픽 벨로드롬과 수영경기장Olympic Velodrome and Swimming Pool in Berlin은 아플릭스 공장과는 다른 방법을 선택했다. 지름이 150미터인 원형과 긴 변이 100미터를 넘는 장방형의 구축물인 이곳은 내려앉은 지면 위에 놓여 그 모습을 거의 감추고 있다. 크라우스의 분류를 따르면, 이 건축은 '표시된 장소marked sites'에 해당한다.10권 『건축과 풍경』 참조. 더구나 외벽과 지붕이 금속 메시로 되어 있어서, 햇빛을 받으면 반짝 빛나고, 빛을 반사하는 수반처럼 보인다. 또 달리 보면 숲속 호수의 모습이다. 건축이 자연을 모방하는 것이다.

"팽팽하게 잡아당긴 금속 스킨으로 아름답게 정제된 두 호수가 이런 형태에서 저런 형태로, 이런 빛에서 저런 빛으로, 이 계절에서 저 계절로 계속 반사놀이를 하며 반짝인다."[41]

사과나무공원 지하에 지은 이 건물은 사과나무 450그루의 작은 열매와 잎이 표면의 금속판을 가리고 있다. 열매는 무르익음에 따라 푸른빛에서 붉은 빛으로 바뀐다. 자연을 이식하여 건축물의 모습을 사라지게 한 것이다.

프랑스 저널리스트 질 드 뷔레Gilles de Bure는 표면을 덮는 이중 구조의 금속 패브릭 표면을 시간에 따라 다르게 묘사했다. 낮에는 납빛의 초록색을 머금은 회색으로 마치 운모암의 빛깔과 비슷하다가, 밤이 되면 푸른 잉크빛과 같은 어두운 색으로 변하고 또 창백한 무연탄과 같은 색으로 변한다는 것이다. 이렇게 반사된 표면에서 건축이 자연을 모방하기도 하고 자연물로 건축의 형태를 지우거나 보완한다.

장 누벨의 건축에서 건축의 /구름/과 도시의 /구름/이 서로 겹치고 용해된다면, 도미니크 페로의 건축에서는 건축의 /구름/이 건축을 지워버리고, 자연과 빛과 풍경이 시간의 변화에 따라 새로운 /구름/을 등장시킨다.

4장

건축과 시선

시선은 그저 바라보는 것이 아니라 사물이
구성된 목적과 의도를 읽는 것이다.

물체와 시선

물체와 시선

알바 알토는 말했다. "건축의 진정한 모습은 사람이 그 안에 설 때 비로소 이해된다." 건축의 진짜 모습은 평면도나 단면도, 전시되는 모형이 아니다. 실제로 지어지고 사람의 시선視線이 건물을 이루는 물체와 대면할 때 비로소 드러난다. 메를로퐁티는 저서『눈과 정신Eye and Mind』에서 '보는 것'이란 떨어져서 기다리는 것이고, 정신이 눈에서 사물의 세계로 나아가는 것이라고 했다. 사물을 바라보는 시선은 앞으로 나아갈 유보된 시간이자 희망이며, 세상과의 연결고리다.

시선은 똑바로 나아간다. 앞에 있는 돌, 나무, 사람, 물건을 직선으로 바라볼 때 집중하고 인식한다. 대상에게 눈을 돌려 바라보기도 하고, 눈길을 모아 한 곳을 응시하기도 한다. 바라보는 것은 무언가를 생각하는 것이고, 무언가에 기대를 갖는 것이다. 시선은 눈이 가는 방향이다. 상대와 서로 바라보면 시선이 맞는 것이고 눈길을 피하면 시선을 피한다고 말한다. 시선은 관찰자와 특정 사물 사이의 눈길이며, 손끝으로 가리키는 것과 같은 맥락이다.

세 개의 사물이 일직선상에 놓이면 시선의 의미가 더욱 커진다. 스톤헨지도 마찬가지다. 에워싸인 거석 바깥에 힐스톤Heel Stone이라고 불리는 돌을 따로 놓았다. 1년에 낮이 가장 긴 날인 하짓날 일출 때, 말발굽 모양으로 서 있는 돌들의 중심에서 힐스톤을 바라보면 해가 돌의 정중앙에 위치한다. 하지 때 떠오르는 해는 거침이 없는 평원에서 볼 수 있다. 그런데 왜 이 힐스톤을 기준으로 할까? 스톤헨지 한가운데서 돌기둥 사이로 보는 해가 평원에서 바라보는 것보다 훨씬 감동적이기 때문이다. 힐스톤과 일직선이 되어 떠오르는 해는 마치 돌을 태울 듯이 작렬하는 빛으로 시선과 일렬 종대를 이룬다. 그야말로 장관이다.

어떻게 그 옛날에 시선과 물체와 해를 일직선에 놓으면 말로 다할 수 없는 신비한 의미와 감동이 생긴다는 것을 알았을까? 눈과 힐스톤과 해를 시선 안에 일치시킴으로써 거석으로 둘러싸인 원 한가운데 서 있는 장소를 둘도 없는 자리로 만들 수 있다. 어떤 작용을 한쪽에서 다른 쪽으로 전달하는 물체나 수단을 매체媒體, medium라고 한다. 떠오르는 해를 손가락으로 가리킬 때 손끝은 매체이고 힐스톤도 매체다. 시선은 떨어져 있는 물체를 이어 시선이 있는 곳을 '장소'로 만들어준다.

사람은 눈으로 물체를 본다. 건축은 물체를 물체와 관계 맺게 해준다. 관계는 일상에서 늘 대하고 스쳐가는 것을 통해 의미를 전한다. 이 또한 나와의 관계다. "예술은 눈을 포함한다. 따라서 내가 알고 있는 가장 중요한 사실 중 하나는 상상력과 마음을 포함하는 것이다. …… 어떤 사물을 가까이 지날 때, 그 사물은 마음이 멈추도록 사람의 마음을 이끈다. 그리고 그 사물에 놀라움도 느낀다. 이런 놀라움은 갑작스럽게 나타난 것이 아니며 이미 오래전부터 많은 사람이 좋아한 것이다."[42] 루이스 칸은 눈과 물체의 시선 관계가 상상력을 주고 마음을 읽게 해준다고 말했다.

이탈리아 프라스카티Frascati 주변에는 여러 빌라가 있는데, 모두 로마를 향하고 있다. 그중에서도 일곱 개 빌라의 시선은 성 베드로 대성당의 돔을 향한다. 주택의 위치를 성당의 돔과 일치시킴으로써 의미를 더하려는 것이다. 이러한 시선의 관계는 경주 양동마을에서 훨씬 복잡하게 나타난다. 교수 전봉희에 따르면 양동마을에서는 사랑채와 안채 그리고 사당에 대해 주변 산들과 시각적 관계를 가지려 했다.[43] 특히 안산案山은 성씨별로 바라보는 모습이 다르다는 것이다. 우리나라 마을에서는 뒷산이 좌우에 펼쳐지고, 그보다는 약간 낮은 산 하나가 앞뒤를 에워싸고, 그 사이에 물이 흐르는 형태를 선호했다. 이는 배산임수背山臨水의 기본형으로 생활을 위한 조건만이 아니었다. 앞으로 시선이 활짝 트이고, 뒤로는 심리적인 장이 펼쳐지기를 원했기 때문이다.

물체와 시선, 시선으로 이어진 물체가 합하여 건축이 된다고 성찰한 건축가는 역시 르 코르뷔지에다. 그는 『건축을 향하여』에서 '평면'에 대해 말할 때 건축사가 오귀스트 슈아지Auguste Choisy

의 『건축사Historie de l'Architecture』에 있는 아크로폴리스Acropolis 도판을 사용했다. 이 도판은 여신상과 신전 에레크테이온Erechtheion이 프로필레아Propylées, 신성한 관문에서 보는 시선 위에 있음을 그렸다. 전진한 여신상이 약간 뒤에 있는 파르테논의 볼륨과 균형을 이루며, 에레크테이온은 나지막이 프로필레아의 시선을 뒤로 당기는 역할을 한다. 그는 이 그림을 이렇게 설명한다.

"아테네의 아크로폴리스 프로필레아에서 본 하나의 시점. 에레크테이온과 파르테논, 아크로폴리스의 땅은 기복이 아주 심하다. 땅의 높이가 많이 다르면 건물 아래에 그곳에 맞는 당당한 기단을 만들었다. 배치는 직각을 벗어나 조망이 미묘하고 풍부하다. 이로써 건물은 불균형해지고 대지는 강한 리듬을 보여준다."[44] 이것은 아크로폴리스의 지형이 높낮이 차이가 커서 기단을 놓는 데 직각 체계를 따르지 않고, 시점과 시선의 관계에서 물체를 조절했기 때문이라는 뜻이다.

그는 건축을 무엇보다도 물체 자체로서 생각해야 하며, 감동도 의미도 모두 그 건축이 갖는 물체의 조건에 있다고 주장한다. 물체는 객체로서 혼자 있지 않고, 사람과의 관계에서 의미를 부여하는 존재다. 르 코르뷔지에가 '눈'과 건축을 설명하는 부분은 『건축을 향하여』 곳곳에서 발견된다. "인간은 건축적인 것을 지상 1미터 70센티미터의 높이에 있는 눈으로 인식한다. 눈에 비추는 목적, 건축의 요소를 존중한 의도만이 만나게 된다."[45] "지상 1미터 70센티미터 높이에 있는 눈"이란 시선이다. 따라서 건축은 사람의 시선으로 인식한다는 것이 된다. 그에게 건축이란 단지 사물의 결합이 아니라, 사물과 사람의 관계, 특히 시선과 시각의 관계에서 생각되었다. 정리하면 '축軸'이란 물체와 사람 사이 시선의 관계이며, 사람이 두 눈으로 사물을 볼 때 만들어지는 것이 '건축'이다.

시선은 그저 바라보는 것이 아니라 사물이 구성된 목적과 의도를 읽는 것이다. "이것이 핵심이다. 바라보는 것 …… 바라보고/관찰하고/보고/상상하고/발명하고 창조하는 것."[46] 시선은 물체와 물체를 연결하고 구성하며 통제한다. 시선은 산과 바다를 이어주고, 자연이 존재하는 의미, 그 속에 놓인 인간의 의지까지도 통찰하는 능력을 이르는 말이다. 코르뷔지에가 사물이 구성된 목적과 의도가 시선의 관계라고 말한 것은 스톤헨지에서 힐스톤과 태양, 인간의 시선이 일직선에 놓였을 때 느끼는 근원적 감동에 대한 원리적인 표현이다.

"건축이란 빛 아래에 집합한 여러 입체의 교묘하고 정확하며 장려한 조합le jeu이다." 코르뷔지에가 남긴 건축의 정의다. 여기에서 "빛 아래에 집합한"이란 사람이 다양한 시선으로 사물을 파악한다는 것을 뜻한다. '빛'은 '시각'을 의미한다. 그리고 사람의 시선을 통해 입체가 어떤 순서로 나타나는가 하는 규칙의 '조합le jeu'이 곧 건축이라고 말한다. 그의 정의를 따른다면, 파르테논은 주변의 자연과 함께 만들어진 결과물이다. "사람은 땅 위에 서서 앞을 향하며 안다. 눈은 멀리 바라본다. 그리고 흔들림 없이 분명한 객관, 저쪽의 의도와 의지까지도 모두 본다. 아크로폴리스의 축은 펠레우스Peleus에서 펜테리콘Pentelikon까지, 바다에서 산까지 가는 것이다. 축에 직각을 이루는 프로필레아에서는 저 멀리 수평선에 바다가 있다."[47]

물체에 대한 스톤헨지의 시선이나 코르뷔지에가 말한 시선은 모두 공간 전개의 기본이며, 많은 건축물이 이를 전제로 구성되고 있다. 그런데 물체의 시선을 가장 탁월하게 설계한 건축가는 카를로 스카르파Carlo Scarpa일 것이다. 그가 설계한 카스텔베키오 미술관Museo di Castelvecchio에는 마당을 둘러싸는 담장 벽이 있다. 그 입구에 서면 긴 정면을 대하게 되지만 자연스레 시선이 미술관 입구로 이어진다.

이 미술관은 중세의 고성古城을 개수했기 때문에 구조를 보강한다든지 개구부와 전시 동선을 설정하는 것이 할 수 있는 전부였다. 미술관에 들어서면 다섯 개 방이 벽과 벽 사이 아치문을 통하는 시선으로 이어진다. 스카르파는 내부에 있는 조각물을 절묘하게 배치하여 보이지 않는 동선을 만들어냈다. 시선은 전방의 방에서 문 좌우에 있는 조각물로 이어진다. 방문자와 가깝게 선 조각을 향한 시선은 그 뒤쪽으로 비껴난 다른 조각으로 이어지고, 다시 이 조각은 첫 번째 방의 문 왼쪽의 조각으로 이어진다. 하나의 조각을 다 보고 나면 그 뒤에서 등을 돌리고 빛을 받고 있는 조각이 나타난다. 이렇게 조각들을 잇는 여러 시선이 결합되고 이어지면서 공간을 경험하게 된다.

이때 공간의 주인은 빛을 받으며 서 있는 조각들이지 보고 있는 사람이 아니다. 이런 면은 스카르파가 설계한 카노바 미술관 Museo di Antonio Canova에서 더 잘 나타난다. 이 미술관은 이탈리아 신고전주의 조각가인 카노바의 작품을 한데 모아놓은 곳이다. 여기에서도 조각과 시선과 빛이 서로 얽혀 조각들이 복잡하게 놓인 듯이 보이지만, 실제로는 경로가 자연스럽게 이어진다. 스카르파의 두 건물은 모두 조각과 관련된 것이지만, 이를 건축의 물체 요소로 치환하면 많은 교훈을 얻게 될 것이다.

얕은 시선, 깊은 시선

시선에는 가까운 곳을 보는 '얕은 시선'과 먼 곳을 보는 '깊은 시선'이 있다. 그리고 두 시선이 합쳐져 물체와 공간을 통합하기도 한다. 17세기 화가 에마누엘 데 비테Emanuel de Witte가 그린 〈클라비코드에 앉은 여자가 있는 내부Interior with Woman at a Clavichord〉라는 그림에서는 화면이 오른쪽 클라비코드가 있는 앞부분과 왼쪽 문으로 이어진 공간으로 나뉜다. 오른쪽 벽 앞에 자리한 클라비코드에는 한 여자가 앉아 있고, 문으로 이어진 앙필라데enfilade에는 또 다른 여자가 청소를 하고 있다. 이런 구도는 피에로 델라 프란체스카Piero della Francesca의 〈그리스도의 태형Flagellation of Christ〉이라는 작품에서 쓴 기법으로 유명하다. 원근법으로 정확하게 재현된 건축 공간에서 화면 왼쪽은 공간감이 느껴지도록 뒤로 물러서게 하고 오른쪽은 바짝 전진해있다.

미국의 건축가 토마스 슈마허Thomas Schumacher는 『깊은 공간, 얕은 공간Deep Space, Shallow Space』[48]에서 이러한 회화 구도를 르 코르뷔지에의 공간 표현과 연계해 분석했다. 그는 코르뷔지에 전작에 실린 많은 사진이 이와 같은 구도임도 지적했다. '신정신관Pavillon de l'Esprit Nouveau'의 홀 사진은 화면을 좌우로 나누는 똑같은 구도를 취하고 있다. 특히 '작은 집Petite Maison'을 촬영한 사진은 가운데 기둥을 경계로 삼았다. 그 왼쪽은 레만 호숫가Lac Léman를 마주하며 자립한 벽에 창을 뚫어 마치 실내처럼 보이고, 본래 실내여야 하는 오른쪽은 마치 외부처럼 묘사하고 있다.

1964년에 계획한 '브라질리아 프랑스 대사관'은 그리 잘 알려진 작품은 아니다. 이 계획안은 원통형의 사무동과 긴 육면체의 대사관 공관으로 이루어진다. 그런데 대사관 공관 한쪽에는 땅에서 건물 상부로 올라가기 위한 빈 공간이 뚫려 있다. 이 공간은 단지 관저만을 위한 것이 아니다. 관저에서는 이 부분을 통해 사무동을 바라보고, 사무동에서는 호수를 바라볼 수 있는 시각적인 장치다. 건축가 앨런 코훈Alan Colquhoun은 이를 두고 "사무동이 관저와 대지의 낮은 쪽과 관계를 맺는 눈"[49]이라고 말했다.

기복이 있는 땅 위에 여러 건물이 서면 얕은 시선과 깊은 시선이 더욱 복잡하게 교차하며 이를 조정해준다. 한편 고대 그리스 건축에서는 이미 시선이 자연에서 군을 이루는 건축물의 배치를 결정하는 중요한 요인이었다. 특히 헬레니즘 시기의 신전은 테라스나 회랑이 설치되고 장대한 계단이 이어지면서 자연 속에 인공적인 형태로 들어섰다. 그 결과 자연과 건축의 불균형을 불러일으켰다. "자연은 중립적으로 편집되며 건축적인 연출의 하인이 되고 만다."[50] 건축은 시선을 섬세하게 변화시키며 축선을 따라 올라오는 사람들에게 장대한 경관과 볼거리를 제공했다. 시각적 의도가 자연을 연극 배경처럼 바꾸고, 건물과 건물을 시선으로 연결하여 회화적인 장면을 만들어낸 것이다. 그러니까 물체와 시선의 지나친 관계는 건축 공간을 회화적으로 만든다.

공간은 시선의 움직임과 함께 전개된다. 부석사에 다녀온 사람이라면 모두 느끼는 바이지만, 갈 때마다 몇 개 안 되는 건물 요소로 지형을 넉넉히 장악하고 있는 모습에 감탄하게 된다. 들어가는 문에 서면 범종각이라는 높은 건물이 방문자의 시선과 직선을 이룬다. 이 건물은 걸어 들어가는 이를 잡아당기고 그 밑을 걷게 하는데, 아래로 향하는 동안 조금씩 해방감을 느끼게 한다. 그 앞에는 계단이 있는데, 계단을 오르내릴 때 머리를 부딪치지 말라고 건물 바닥의 일부를 잘라냈다. 그러나 이 계단과 잘라낸 건물 바닥은 앞에 있는 안양루로 시선을 집중시켜 방향을 분명히 의식하게 해준다. 범종루 밑에 있는 계단은 안양루와 시선의 축으로 이어지고 적절한 스케일로 안양루를 떠받치고 있는 듯이 보인다.

이와 비슷한 부분은 가파른 계단으로 안양루를 올라갈 때도 나타난다. 계단에 이어진 구멍을 통해 석등과 무량수전의 일부가 보인다. 무량수전 앞 석등은 스톤헨지로 말하자면 힐스톤과 같다. 그곳에 선 사람과 계단과 프레임이 된 안양루 바닥, 석등 그리고 무량수전의 일부가 시선 위에 놓인다. 이 시선을 따라 계단을 타고 올라갈수록 안양루 바닥의 프레임을 통해 무량수전이 저만치 확장되어 나타난다. 이처럼 부석사에서는 목표를 향해 걷는 사람과 저 멀리 있는 물체가 시선으로 이어지고, 이 물체가 사라지면 또 다른 물체가 나타나 시선을 끈다. 그렇다보니 넓어지다가 좁아지고 밀어내다가 잡아당기는 공간의 유연함을 경험하게 한다.

조망과 피신

눈은 사물을 본다. 그러나 눈앞에 있는 것만 보는 것이 아니다. 사람은 자신의 뒤에 있는 세계도 실감하며 산다. 그리고 아직 도달하지 않은 채 앞에서 펼쳐지는 세계를 예측하기도 한다. 시선의 앞과 뒤는 이미 있는 환경에 대한 의식과 무의식을 동시에 경험한다. 눈앞에 없는 자기 뒤의 세계는 경험에 대한 회상일 수 있고 상상력일 수도 있으며, 공격에 대한 보호일 수도 있다. 내가 알 수 없는 세계는 가능성, 잠재력, 자연의 섭리 또는 초월적인 존재와 같다. 이 시선들이 어떻게 얽히는가는 사람 사이의 관계를 나타내고 사회의 이념을 대변하기도 한다.

"보이지 않고 보는 것To see without being seen." 오스트리아의 동물학자 콘라트 로렌츠Konrad Lorenz의 말이다. 사냥당하지 않고 사냥할 수 있는 위치가 좋다는 뜻이다. 영국의 지리학자 제이 애플턴Jay Appleton도 『풍경의 경험The Experience of Landscape』[51]에서 이와 같은 맥락인 '조망과 피신prospect-refuge' 이론을 다뤘다. 인간은 공간을 살펴볼 때 내적인 욕망을 만족하기 위해 기회를 노리며 조망하고, 안전하기 위해 피신할 곳을 찾는다는 내용이다. 약탈자가 스스로는 모습을 감추되 그들이 노리는 먹이는 볼 수 있어야 한다는 뜻이다. 이는 진화적 생존에서 나왔다. 이때 '조망'은 보는 것이고 '피신'은 보이지 않는 것이다. "보이지 않고 보는" 동물의 시선이나 사람의 시선이나 다를 바 없다. 시선에는 보는 것과 보이지 않는 것이 늘 함께한다.

조망하는 것은 높이 먼 곳까지 볼 수 있는 것, 산·바다·호수·하늘과 같은 대자연의 전개다. 그리고 피신할 곳은 내부 공간이나 벽에 붙어 있는 벤치, 동굴 등 안으로 또는 뒤로 숨을 수 있는 물체다. 아이들이 책상 밑이나 장롱 안으로 기어들어가 웅크린 채 바깥 동정을 살피는 것이나, 술래잡기 놀이는 모두 조망과 피신을 실천하는 행동이다. 우리나라 사람들이 선호하는 배산임수 역시 조망과 피신의 다른 방식이다.

그런데 이 두 시선은 욕망과 쾌락에서 비롯한다. 오늘날 자기가 머무는 내부는 아늑하고 남에게 보이지 않아야 하지만, 큰 창문을 두어 바깥의 풍경은 물론 되도록 많은 부분을 보고 싶어한다. 높은 곳에 올라가 넓게 조망하고 싶은 시선이 있는가 하면, 동시에 피신하고자 하는 시선도 있다. 이 시선은 '안전'하고 싶은 본능에서 나왔다. 자신의 공간을 드러내지 않으면서 나서는 소셜 네트워크 서비스SNS도 가상적인 조망과 피신의 관계다.

사람들은 주변을 쉽게 관찰할 수 있으면서도 언제든지 숨거나 후퇴할 수 있는 안전한 환경을 좋아한다. 그래서 다른 이들이 나를 바라보는 한가운데 있기보다는, 다른 이들은 보이지만 정작 나는 눈에 잘 띄지 않는 경계 부분을 좋아한다. 이는 건축적으로 내부와 외부의 문제이면서 "보이지 않고 보는" 두 가지 시선과 관련되어 있다.

보고 보이는 시선

극장의 시선

본래 연극은 극장이 생기기 이전부터 있었다. 처음에는 빈 공간에서 시작했고, 극장이라는 건물이 나타나고부터 집 안에서 연극이 이루어졌다. 훌륭한 배우는 대사와 몸짓만으로 얼마든지 공간과 시간을 만들어낼 수 있다. 연극은 그 자체가 자립적이며 상징적인 예술이다. 그러니까 극장은 건축물로서도 독자적이지만 그 안에서 펼쳐지는 연극도 독자적이다.

독자적인 연극이 극장이라는 공간 안에서 이루어지면서 시선의 지배에 놓이게 되었다. '극장'을 뜻하는 테아트로teatro의 어원은 그리스어로 theatron테아트론, 즉 '보는 장소seeing place'였다. 오히려 'see'보다 'spectator'가 더 적합하다. 극장에는 무대에서 연기하는 쪽과 관람석에서 보거나 듣는 쪽이라는 기본적인 시좌視座가 있다. 다른 건물 유형에서 볼 수 없는 극장만의 특수한 성격이다. 그러나 엄밀히 따지면 관람자만 보는 것이 아니다. 관객 역시 연기자에게 보이는 입장에 있다. 관객 한 사람도 다른 관객과의 보고 보이는 관계에 있다. 그래서 영국의 극장 건축가 피터 모로Peter Moro는 관객끼리의 시각적 관심visual awareness이 극장 체험의 본질적인 특성이라고 했다.

보고 보이는 시선의 교차는 사람들이 마주보며 이야기할 때면 늘 생기는 것이지만, 이 교차하는 시선을 건축 공간으로 담은 것이 극장이었다. 연기는 언제나 관객의 시선을 의식함으로써 성립한다. 연기란 다른 사람에게 보여주려는 의도이며, 만일 구체적인 관객이 없더라도 언젠가 받게 될 시선을 상상할 수밖에 없다. 다시 말해 시선이 공간을 만들어내는 것이다.

바로크의 극장은 객석의 위치에 따라 무대가 달리 보이는 말굽형이었다. 객석의 위치는 신분에 따라 달라졌다. 유럽의 오페라 극장의 객석도 말굽형인데, 무대를 잘 볼 수 있어야 한다는 근대 극장 설계의 상식으로는 맞지 않는 평면이다. 하지만 그 대신에 연기를 즐기는 사람들의 모습을 아주 가까이에서 볼 수 있다는 장점이 있다. 따라서 이 형식은 연기를 즐기는 동시에 즐기는 사람을 보면서도 즐긴다는 이중의 즐거움을 준다. 이렇게 보고 보이는 관계는 이중적이다.

고전적인 극장이 바로크 극장이 되는 데에는 왕후의 절대권력이 작용했다. 왕은 이 세상을 지배하는 왕이면서 신과 동일시되었다. 그래서 바로크 극장에는 이런 특징이 있었다. 먼저 왕과 왕비가 앉는 자리는 투시도적으로 마련된 무대와 일직선상에 놓였다. 왕은 스스로 연기자가 되어 상연에 적극적으로 관여했다. 이것은 궁정만이 아니라 일반 시민에게 보여주는 공연에서도 마찬가지였다. 만물을 주재하는 신을 대신하여 이 땅의 절대 권력자로서 조화를 이룬다는 것을 보여주기 위함이었다. 그러니까 왕은 시민들의 눈앞에서 스스로가 보고 연기하며 또 보이는 존재였다.

이는 건축사가 파울 프랑클Paul Frankl이 『건축 형태의 원리』에서 말하는 바와 일맥상통한다. "예술의 후원자는 그들이 세속적 권력자이든 정신적 지도자이든 제1단계르네상스 때처럼 완전한 인간이 아니었다. 그는 …… 위대한 인간이어야 할 의무는 없었지만 반드시 남들에게는 그렇게 보일 필요가 있었다. …… 이 위대한 배우는 권력을 지녔다는 점에서는 절대적으로 보일지 몰라도, 그 역시 자기를 찬미해주는 관중에게 여전히 의존하고 있었다. …… 군중, 마치 닫혀 있는 낙원을 엿보기라도 하듯 황홀하게 바라보는 저 장엄한 단철제 정원 문은 절대군주와 일반 대중과의 관계를 상징적으로 나타내고 있다고 볼 수 있다."[52] 베르사유 궁전의 문은 숭숭 뚫려 있다. 백성이 거기까지 와서 안을 들여다보지도 않는데 앞서 언급했듯이 이 절대 권력의 왕은 백성이 자신을 어떻게 생각하는지 의식하고 있었다.

베르사유 궁전에는 '거울의 방'이 있다. 화려하기 그지없으며 수많은 물건만이 아니라 바깥 풍경도 비춘다. 왜 그랬을까? 파울 프랑클은 이렇게 말한다. "거울의 방은 손님들이 자신의 우아한 몸동작을 자세히 살피는 동시에 남들이 사방에서 보고 있다고 느끼게끔 만들어졌다. 일부러 꾸민 행동이 이와 같은 행동에 맞는 야릇한 방을 만들어내게 되었던 것이다."[53] 그러므로 이 방은 왕궁 한가운데 무대와 객석이 구분되지 않는 또 다른 극장이었다. 실제 극장만이 아니라 '극장의 시선'이 다른 건축 공간에서도 적용되고 있었다.

그러나 보고 보이는 시선의 관계를 가장 합리적이고 완벽하게 보여주는 극장 타입은 반원형 공간이다. 프랑스 혁명기의 건축가 클로드니콜라 르두Claude-Nicolas Ledoux가 그린 브장송 극장 Théâtre de Besançon의 내부 투시도는 이상하지만 마음이 끌리는 독특한 도판이다. 이름은 '브장송 극장의 응시Coup d'oeil du Théâtre de Besançon'다. 브장송 극장은 1784년에 준공되었다. 이 그림에서는 극장 내부가 사람 눈에 비치는데, 이 눈은 건물을 설계한 건축가의 눈이다. 사람들은 이 눈을 통해 극장 내부를 볼 수 있다. 르두가 이러한 투시도를 그린 이유는 이전부터 고대 그리스 극장을 재현하고, 새로이 나타난 공화정 시대에 맞게 차별 없이 평등한 조망으로 관람할 수 있는 객석을 마련하기 위해서였다. 또한 이로써 앙시앵 레짐Ancien Régime, 절대왕정체제에 충성하는 건축가가 아니라는 알리바이를 만들려는 의도였다.

르두의 투시도는 눈동자 속에 있다. 따라서 이 눈이 건축가의 눈이라면 그림을 보고 있는 이는 건축가를 향하고 그의 눈을 바라보는 것이 된다. 그리고 그 눈을 통해 건축가의 생각을 엿보는 것이 된다. 보통 객석 위에서는 한 줄기 빛이 무대를 비춘다. 그런데 이 그림에서는 마치 건축가의 머리에서 구상된 이미지가 바깥 세계를 비추고 있는 듯이 빛이 눈을 뚫고 밖을 비춘다. 그런데 만약 이 눈이 연기자의 눈이라면 해석은 달라질 것이다.

두 교실의 시선

극장의 시선에서 보고 보이는 관계를 바꾸면 공간은 지배와 피지배의 관계로 뒤바뀐다. 이것은 일본의 비평가 아사다 아키라淺田彰가 『구조와 힘構造と力』에서 설명한 두 가지 시선과 같다. 그는 '두

개의 교실'이라는 비유로 시선과 권력의 구조를 쉽게 설명해준다. 그리스에 "시선은 검이다."라는 속담이 있는데, 시선이 다른 사람을 벨 수도 있다는 뜻이다. 시선은 단순히 조형을 만들어내는 수단이 아니라 주체와 객체, 개인과 사회의 관계를 물리적으로 나타낸다는 것이다. 그만큼 사람의 시선은 강하다.

　　두 개의 교실 중 하나는 선생님이 떡 버티고 있어 학생들이 꼼짝 못하고 수업에 임하는 교실이다. 이 교실에서는 자리가 규칙적으로 배열되면서 모든 학생이 선생님의 시선과 관계를 가져야 한다. 왕 앞에 서 있는 백성이라고 할 수도 있고, 이데올로기 앞에 선 주체라고도 할 수 있다. 이른바 전근대적 시선이다. 또 다른 교실은 선생님이 뒤에서 신문을 읽고 학생들은 자유로운 분위기에서 시험을 볼 때와 같은 교실이다. 선생님의 시선이 어디를 움직이는지 알 수 없다. 명분상으로는 자유가 주어졌지만, 실은 뒤에서 어떤 학생을 보고 있는지 알 수 없는 선생님의 시선이 자리 잡고 있다. 따라서 이 교실의 시선은 부재不在의 시선이며, 학생들의 마음속에 내면화된다. 이른바 근대의 시선이다.

　　프랑스 브장송에서 30킬로미터 떨어진 곳에는 르두가 설계한 '아르케스낭의 왕립 제염소La Saline royale d'Arc-et-Senans'가 있다. 현재 역사박물관으로 쓰이는 이곳은 왕권 유지에 필요한 재원을 담당하는 소금 공장이었다. 내부는 브장송 극장처럼 반원형으로 배치되어 있다. 제염소의 반원의 중심, 무대를 대행하는 자리에는 시선의 주체인 감독관의 집이 있다. 이 감독관은 국왕의 대리인이다. 그리고 원둘레, 관객의 자리에는 감독관의 시선을 받는 피지배자들의 공장과 주거지가 있다. 따라서 이곳에서는 보는 자와 보이는 자의 관계가 전도되어 있다.

　　한편 르두는 '쇼의 이상도시Ideal City of Chaux' 계획을 세운 바 있다. 여기에서는 반원이 완전한 원이 되어 있다. 이러한 시도 역시 공화정 정부에 대한 알리바이였는데, 앙시앵 레짐의 건축가로 일하기는 했지만 그 전부터 평등의 원칙을 가지고 있었다는 주장이다. 아무튼 원형은 완전한 자연을 뜻하며, 르두는 이것을 "해의 운행을 그린 순수한 형태"라고 불렀다. 그렇다면 이것은 무엇을 의미하는가. 원형, 반원형이라는 기하학과 시선은 어떻게 보면 지배-피지배의 관계가 되고, 또 달리 보면 지배-피지배 관계가 사라진 새로운 시대의 공간이 될 수 있다. 그만큼 시선은 공간과 연관되고 공간은 권력과 연관된다는 뜻이다.

이 제염소의 시선은 지배하는 시선이지만, 다른 이들은 그가 감시하고 있는지 알지 못한다. 그래서 이 감독자의 시선은 부재不在의 시선이다. 이런 시선으로 시설을 만들면 원형 교도소, 즉 팬옵티콘panopticon이라는 일망감시장치一望監視裝置가 된다. 이는 1791년, 철학자 제레미 벤담Jeremy Bentham이 발명한 장치로, 보는 사람은 보이지 않으며 보이는 사람은 자신이 어떻게 감시를 받는지 알 수 없었다. 근대가 발명한 가장 대표적인 이 공간 장치는 원의 중심에 있는 망루에서 보는 사람은 보이지 않는다. 그는 바퀴의 살처럼 뻗어 있는 감옥에 수감된 죄수를 한눈에 감시할 수 있다. 죄수들의 일거수일투족은 완전히 노출되어 있는 반면, 죄수들은 감시자의 모습을 볼 수 없다. 심지어는 감시자가 없을 때도 죄수는 감시당한다고 여겼다.

이 감옥은 최소의 노력으로 최대의 효과를 올리는 장치다. 이러한 시각적 기계는 범죄자의 자유를 뺏는 근대의 '자유형自由刑'이라는 제도를 통해 감옥에 나타났으며, 공장과 병원 등의 시설에 사용되었다. 이 반원형의 건축은 '시선'에 대한 특권적인 장이 되는 계보를 가지고 있다. 극장을 비롯하여 일망감시로 통제되는 시설, 해부학 실험을 위한 대형 강의실 등이 그러했다. 그런 까닭에 영국의 작가 올더스 헉슬리Aldous Huxley는 "현대 사회의 모든 효율적인 오피스, 근대 공장은 일망감시 기구에 의한 감옥이다."라고 말했다. 아파트 엘리베이터와 주택 골목 곳곳에 있는 CCTV는 오늘날의 팬옵티콘들이다. 팬옵티콘의 시선은 권력이다.

〈시녀들〉의 시선

스페인 화가 디에고 벨라스케스Diego Velazquez의 〈시녀들Las Meninas〉
은 교차하는 '시선'을 잘 표현한 그림이다. 철학자 미셸 푸코Michel
Foucault는 그의 대표작 『말과 사물Les mots et les choses』 제1장 제1절에
서 이 작품을 세밀하게 분석한다. 주체가 사라진 재현, 외부에서
오는 것으로 사물의 질서를 정하는 고전주의 정신이 이 작품에
있음을 말한다.

이 작품 속에는 그림을 그리는 화가와, 화가가 보는 모델이
있다. 그런데 실제로 이 작품을 그린 화가는 당연히 드러나지 않
는다. 실제로 그리고 있는 대상은 화면에 나타나지 않지만, 벽에
걸린 거울에 비친 두 사람이 화면 속 화가가 그리고 있는 인물인
왕과 왕비라는 것을 추측할 수는 있다. 그러나 캔버스 속 왕과 왕
비는 당당하지 않고 유령처럼 흔적만 있다.

그림 속 화가의 시선이 있고, 그림을 바라보는 이의 시선이
있다. 그리고 공주 마르가리타의 시선이 있으며, 거울 속 왕과 왕
비의 시선도 있다. 화면 앞에 있는 다섯 명과 그 뒤 두 명의 시선
도 따로 있다. 또 화면 오른쪽에 문을 열고 나가는 여왕의 시종의
시선도 있다. 게다가 화면 밖 실재 화가의 시선도 있다. 이 정도만
말해도 이 그림이 얼마나 복잡하고, 확실히 포착하기가 어려운지
알게 될 것이다.

그래서 얻은 것은 무엇일까? 푸코는 보이는 것과 보이지 않
는 것의 대조를 통해 이 그림에는 본질적인 공백이 존재한다고 주
장한다. 시선은 복잡하게 교차하는데 그 안에는 큰 공백이 은폐
되어 있다. 곧 이 그림은 주체가 없는 재현을 나타낸다. 화면에 등
장한 인물은 사물들을 개념적 도구인 '말'을 가지고 정렬하는 자
에 지나지 않는다.

자크 라캉Jacques Lacan은 시각적 영역에서 주체의 분열이 눈
eye과 응시gaze의 분열로 나타난다고 설명했다. 눈이 주체의 시선
이라면 응시는 주체를 바라보는 타자의 시선, 곧 주체가 보이는 시
선이다. 타자의 응시는 마치 열쇠 구멍을 들여다보는 것과 같다. 오

른쪽 문에 서서 모든 비밀을 알고 있는 남자는 사실 그림에 그려진 바를 모두 알고 있는 응시의 시선이다. 그뿐인가? 왕과 왕비를 비추는 거울을 보는 순간, 이 그림을 보고 있는 사람 쪽으로 허虛의 공간이 하나 더 생긴다. 그러면 문을 나서는 시종의 시선은 길이가 한 두 배 정도로 확장된다. 이 그림을 보고 있는 나와 화면 사이에 '화면 안의 공간'과 '화면으로 상상되는 공간'이 생긴다.

그림을 그리려고 캔버스 앞에 선 화가는 한 발 물러나 있다. 그가 바라보고 있는 것은 어쩌면 벽에 걸린 거울에 비친 왕과 왕비가 아니라, 이 그림을 보고 있는 이를 응시하는 타자의 시선일 수도 있다. 만약 그가 화면 밖의 우리를 그리고 있는 것이라면, 그림을 보는 이가 주체가 되고, 그림 속 모든 인물은 모델을 구경하는 관객이 된다. 이는 회화에 등장하는 인물들의 시선에 관한 것이지, 회화 분석이 아니다. 이 작품은 사람과 사람을 잇는 시선으로 여러 공간이 발생할 수 있음을 시사한다. 미셸 푸코가 말하려는 바도 그것이다. 공간은 벽과 바닥과 물체로만 만들어지는 것이 아니다. 사람들의 시선이 의외로 복잡한 공간을 개입시키고 있다.

또 한 가지 짚고 넘어가야 할 점은 〈시녀들〉이 마드리드에 있는 필리페 4세의 알카사르궁Alcázar에서도 천장이 높은 벨라스케스의 화실에서도 그려졌다는 사실이다. 이 그림의 공간을 지배하는 것은 '방'이다. 그리고 벽과 벽에 걸린 거울, 계단과 계단을 오르며 나가려는 문 등으로 이루어진 공간 안에서 사람의 시선이 교차하고 있다. 이 작품을 통해 건축 공간에서도 시선과 공간의 관계가 의외로 복잡한 논의로 발전될 수 있음을 이해해야 한다.

높은 시선

부감하는 시선

하회마을의 중심은 양진당養眞堂과 충효당忠孝堂이다. 마을이 내려다보이는 부용대 위에는 겸암파의 양진당과 관계가 있는 겸암정사謙庵精舍와 서애파의 충효당과 관계가 있는 옥연정사玉淵精舍라는 두 개의 정사가 있다. 겸암정사와 양진당, 옥연정사와 충효당을 잇는 시선으로 이들의 주거 영역이 한껏 넓게 확보되었다. 절벽 위에서 강 건너에 있는 자신의 집을 내려다보며 '우리가 사는 영역이 이 정도 되는구나'하고 가늠하였다. 위에서 내려다보면 영역을 크게 살펴볼 수 있다.

권력은 시선을 통제하고 부감俯瞰하는 장소를 독점한다. 도시 전체를 내려다보는 것은 도시를 지배하는 것이다. 오늘날 관광지의 전망대에서 도시를 바라보는 일도 여기에서 시작된 것이다. 1889년 파리 만국박람회를 위해 세워진 에펠탑은 올라가기 위한 탑이었다. 비평가이자 기호학자인 롤랑 바르트Roland Barthes는 에펠탑은 보이는 것이면서 동시에 보는 것이라는 시선의 두 가지 성질을 갖추었다는 점에서 완전하다고 말했다. 에펠탑은 한 마디로 엘리베이터다. 에펠탑이 획기적인 이유는 엘리베이터를 설치해서 대중에게 도시의 조망점을 제공했다는 데 있다. 누구나 똑같이 높은 곳에 올라가 파리라는 도시를 수중에 넣듯이 부감함으로써 시선의 민주주의를 얻게 되었다. 근대 이후 도시에 들어선 전망대가 있는 탑은 민주주의의 상징이 되었다.

에펠탑은 상승하는 엘리베이터를 지지하기 위해 홀로 우뚝 선 구조물이었다. 물론 높은 곳에서 전망한다, 높은 곳에서 부감한다는 것은 에펠탑에서만 가능했던 일은 아니다. 높은 산에 올라가보아도 되고 대성당의 종탑에 올라가도 되었다. 그러나 에펠탑은 달랐다. 천천히 상승하는 철의 상자를 타고 창 너머로 변화하는 도시 풍경을 파노라마로 즐기는, 저 높은 꼭대기까지 밀려 올라가는 체험은 에펠탑에서 시작했다.[54]

그뿐인가? 엘리베이터는 마지막 목적지까지 올라가겠다는 욕망과 의지의 실현이었다. 또한 도시 한가운데서 기계장치로 놀랄 만한 높이까지 올라가, 그 밑에서 벌어지는 활기찬 도시의 생활을 내려다본다는 것은 인류 역사상 유례없는 공간 체험, 시간 체험, 풍경 체험이었다. 에펠탑은 시선을 한데 모았고, 근대도시

파리를 내려다볼 수 있도록 나타난 시선의 주체였다.

건축가가 드린 드로잉 중에서 부감하며 그린 최초의 그림은 클로드니콜라 르두의 '쇼의 이상 도시'이다. 이 드로잉은 약간 비스듬하게 오른쪽 방향에서 부감하며 지평선을 하늘에서 바라본 시선이다. 프랑스의 몽골피에 형제Montgolfier brothers가 세계 최초로 유인 비행에 성공한 열기구를 발명한 것이 1783년이니, 이 드로잉은 아마도 이 기구氣球의 시선에 영향을 받았을 것이다. 르두는 하늘에서 본 시선을 의식하여 이상 도시 계획안의 원형을 설계했을지도 모른다.

사진작가 펠릭스 나다르Félix Nadar는 1858년 기구를 타고 하늘 위로 약 80미터 정도 올라가 세계 최초로 항공사진을 촬영하였다. 기구와 사진이라는 테크놀로지의 조우였다. 1880년대 말에는 나다르의 아들이 파리를 완전히 수직으로 촬영했다. 당시 하늘에서 도시를 부감하는 영상항공사진을 본다는 것은 그 자체로 충격이었다. 사람이 새가 되어 하늘에서 땅과 도시를 내려다보는 꿈, 이 강렬한 시각 이미지를 공유할 수 있게 된 것이다. 이 장면은 근대도시의 이미지 속으로 들어왔다.

제1차 세계대전이 발발하고 화가들은 하늘에서 내려다보는 시선을 도입했다. 미래파 건축가 안토니오 산텔리아Antonio Sant'Elia도 "지붕을 이용해야 한다. …… 파사드의 중요성을 줄여야 한다."며 수직 방향을 강조했다. 그리고 1929년 '미래파 항공회화 선언'에서도 공표했다. "1. 비행의 불안한 퍼스펙티브는 비유할 수 없는 새로운 현실을 구성한다. 이는 땅 위의 퍼스펙티브로, 전통적으로 구축된 현실과 공통점이 전혀 없다."

아돌프 로스는 창을 두어도 젖빛 유리에 커튼을 쳤으며, 창가에 소파를 두어도 창가에 기대어 실내를 보게 했다. 로스의 공간은 내향적이다. 이에 반대 생각을 가진 르 코르뷔지에는 로스에 대하여 이렇게 말했다. "로스는 언젠가 나에게 단언한 바 있다. '교양 있는 사람은 창에서 밖을 내다보지 않는다. 이 사람의 집은 창이 젖빛 유리다. 이 창은 빛을 들어오게 하는 것이지 시선이 지나

가게 하기 위함이 아니다.' …… 그러나 에펠탑의 전망대를 오를 때 나는 쾌활한 느낌을 받는다. 일순간 가슴이 뛰고 때로는 엄숙해지기도 한다. 지평선이 높아짐에 따라 생각이 더욱 넓은 궤도에 오른 것 같다."[55] 코르뷔지에는 내부를 향하는 로스의 시선과는 달리 하늘 높은 곳에서 내려다보는 부감적 시선을 즐기고 있었다. 또 이러한 경험에 대해 "에펠탑의 100미터, 200미터, 300미터로 이어지는 전망대에서 수평적인 시선이 무한히 전개된다. 우리는 그 충격에 영향을 받는다."[56]고 말했다.

이 책에 따르면 '300만 명을 위한 현대도시'에서 마천루 네 개로 둘러싸인 중앙역 위에 비행장을 두고 그 아래 도로를 배치했다. 그는 비행기의 문명을 찬미한 건축가였다. "비행기…… 위에서 보는 조감으로 정신적으로 중요한 혁신이 생겼다. 평면에 잘 정리된 명료한 전망이 나타난 것이다. 이런 조감에서는 평면적인2차원의 지식은 아무리 상세해도 단면은 나타나지 않는다3차원 치수-높이의 소멸."[57] 그에게 하늘에서 내려다보는 부감의 이미지는 명쾌한 도시 구상에 없어서는 안 되는 것이었다.

코르뷔지에의 사보아 주택은 입구에 들어와 경사로를 타고 거실 앞 테라스를 지나 다시 램프ramp를 타고 위로 올라간다. 전체적으로 보면 회전 운동이다. 그의 이론 '근대건축의 다섯 가지 요점' 중 옥상정원은 근대도시가 새로 경험하게 된 '부감하는 시선'을 얼마나 좋아했는지를 대변한다.

건축사진가 줄리어스 슐만Julius Shulman의 사진 중 가장 유명한 것은 피에르 코에닉Pierre Koenig의 케이스 스터디 하우스Case study House 22번*을 찍은 사진인데, 근대생활의 전형적인 꿈의 이미지가 이 한 장에 집약되어 있다. 유리로 둘러싸인 단순한 볼륨이 언덕 위에 아슬아슬하게 돌출되어 있다.

더구나 이 거실은 '약속의 땅' 로스앤젤레스 할리우드 힐 Hollywood Hills의 야경을 향한다. 언제나 도시를 부감할 수 있는 빛이 가득한 거실에서 우아한 여성들이 담소를 나누는 모습은 캘리포니아 생활의 특권이다. 물론 실제와는 조금 다른 부분이 있으나 이 사진은 세계적인 모더니즘 건축의 아이콘이라는 평을 받았다. 이처럼 부감의 시선과 파노라마의 시계視界가 일상생활에 들어와 상징성을 갖춘 초고층 주택을 탄생시켰다. 부감적 시선이 주택의 가치를 만들어내는 것이다.

내부의 시선

인형의 집은 집의 모형이다. 본래 인형의 집은 가구의 일종인 '캐비닛cabinet'에서 나왔는데, 영국의 건축가가 건축주의 자녀를 위해 특별히 만들어준 것이라고 한다. 인형의 집은 장난감이면서 아울러 '집'의 의미를 가지고 있다. 인형의 집이 아이들에게 유익하다고 본 것은 사람들이 생활하는 실내에 관심을 갖기 시작하면서였다.

17세기 주택은 방이 하나밖에 없는 원룸 형태였으나 그 뒤에 분절되어 또 다른 방이 생겼다. 그러자 사람들은 내부를 보고 그 안에 사물도 보기 시작했다. 그래서 18세기에는 실내와 생활을 그린 그림이 많으며, 인형의 집도 이 시기에 주로 제작되었다. 인형의 집은 건물 전체를 알게 해주는 모형이 아니라, 집안에서 일어나는 지각의 변화를 이끌어낸다. 인형의 집을 보는 시선은 건축의 안쪽에 집중되어 있다. 인형의 집에는 인형이 사용하는 탁자와 의자를 비롯해 작은 물건들이 있다. 인형이 살고 있는 곳을 들여다보므로, 일종의 축소된 극장이다. 이러한 인형의 집이나 극장은 모두 내부 시선의 주목을 받는다.

인형의 집은 아이들만의 장난감이 아니다. 건축가가 계획한 바를 검토하기 위해 축소해서 만든 모형도 알고 보면 인형의 집이다. 스케일로 말하자면 1 대 10 정도가 될 것이다. 따라서 인형의 집은 사람과 사물, 사건에 주목한다고 했는데, 그것을 가지고 노는 아이들도 사람과 사물, 사건으로 이야기를 만든다. 인형의 집에서도 시선의 높이는 사람의 눈높이가 된다. 다만 보는 아이가 이 모든 이야기의 주체가 된다는 점이 다르다.

실내와 안쪽만을 보는 시선은 오늘날 도시에 사는 사람들의 시선과 다를 바 없다. 패션은 자기표현의 수단이며 내가 어떻게 보이느냐를 의식한 것이다. 패션은 타인에게는 보이지만 나에게는 보이지 않는 것이다. 한편 과밀화된 인구와 주택 문제로 토지를 효율적으로 이용하기 위해 고층 건물을 만드는 오늘날, 밀도를 높이면서 외부가 닫히게 되었다. 특히 동일한 외관의 세대가 밀집되어 있는 아파트에는 실내만이 존재한다. 주택의 내부는 타인에게는 보이지 않는 자기표현 방법이다. 다시 말해 패션이 타인에게 보이는 자신이라면, 주택의 내부는 나에게 보이는 자신이다. 오늘날의 문화와 생활에서 옷은 외향하고 집은 내향한다. 그렇게 되면 닫힌 안쪽에서 실내를 보는 눈은 카메라 렌즈를 통해 보는 바깥 세상과 같다.

영화감독 알프레드 히치콕Alfred Hitchcock의 〈이창Rear Window〉은 보고 보이는 시선의 관계를 그렸다. 영화는 다리가 골절되어 움직일 수 없는 주인공이 창에 블라인드를 치고 카메라로 동네 이웃을 관찰하는 것으로 시작한다. 그에게는 창만이 세계로 열리는 문이다. 장면은 언제나 창 너머로 보이는 영상과 고정된 방에서 보는 시점으로 한정되어 있다. 나는 보지만 타인은 나를 보지 못하는 상황이다. 호기심에 관찰로 시작된 이 시선은 엿보기와 관음증으로 감시의 시선이 되어간다. 이런 주인공의 시선은 곧 관객의 시선과도 일치한다. 주인공은 쌍안경과 망원경을 장착한 카메라로 상대방을 점점 자세히 관찰한다. 이때 영화의 카메라와 건축의 창이 같은 구조를 가졌음을 알 수 있다.

이는 미셸 푸코가 "우리 사회는 관찰의 사회가 아니라 감시의 사회"라고 말한 것과 일치한다. 팬옵티콘의 시선은 감옥이나 옛 병원에만 있던 것이 아니다. 오늘날에도 '이창'의 '부재의 시선'은 여전히 존재할 뿐 아니라 점점 더 많아지고 있다. 이런 시선이 생긴 이유는 건물과 주택이 물리적으로는 가깝고, 심리적으로는 멀리 들어차 있기 때문이다. '시선'은 사람에게서 나오지만 그 출발은 건축에 있다.

영화관은 일망감시 시설의 시선을 역전시킨 공간이다. 관객의 시선은 기계가 투사하는 허상에 집중되는데, 이때 투사하는 기계의 시선은 보는 자의 자리에 위치한다. 다만 보이는 자는 감옥의 죄수처럼 감시자를 보는 것이 아니라 스크린에 투사된 허상을 본다는 점이 다르다. 이를 교실이라는 공간에 적용하면, 신문을 펼쳐 들고 시험을 치르는 학생을 감시하는 선생님의 시선과 같은 관계라고 할 수 있다.

아돌프 로스가 설계한 뮐러 주택Villa Müller은 외부와 차단되어 있다. 이 주택의 내부 공간은 시선이 안쪽으로 접혀 들어간다. 입구에서 홀을 보면 시선은 왼쪽, 오른쪽으로 계속 꺾인다. 문득 이제까지 걸어온 공간도 뒤돌아보면 외부가 없는 내부에 들어와 있다고 여기게 된다. 공간은 동적으로 연결되지만, 제각기 재료가 달라서 독립된 공간 안에 있다는 느낌이 강하게 든다.

이 공간을 체험하는 사람은 식당이 상징적으로 주택의 중심임을 쉽게 알 수 있다. 그런데 이 식당에서는 앉아 있을 때와 서 있을 때 느낌이 확연히 다르다. 앉아 있을 때는 거실에 면한 식당 벽으로 둘러싸여 있고, 서서 움직일 때는 거실의 천장과 테라스 너머 창밖으로 시선이 확장된다. 몸은 식당에 있는데, 눈은 언제나 먼 곳을 향하는 것이다. 도면에서 A와 B는 각각 식당 중심에서 210센티미터와 140센티미터가 되는 지점이다. A에서는 시선이 반쯤 트인 식당 벽과 거실의 창턱에 일치하고, B에서는 시선이 식당의 벽을 지나 테라스의 난간과 일치한다.[58]

이러한 현상은 로스의 몰러 주택Villa Moller*에서도 마찬가지다. 2층 담화실에서 홀을 지나 음악실로, 그리고 다시 테라스의 계단으로 시선이 연속함으로써, 단면상 하나의 공간으로 연결된다.[59] 그러나 이 경우도 마찬가지로 담화실에서 연속되는 시선은 뮐러 주택의 식당에서 보는 공간의 시각적인 확장과 같다. 방은 정확하게 대칭을 이루며 거주자의 존재를 분명히 하고, 방에는 그에 해당하는 창과 가구가 마련되어 있어서 내적이며 친밀한 감각을 느끼게 한다. 하지만 눈은 자신이 머무는 방의 범위를 넘어간다.

그런데 흥미로운 것은 뮐러 주택이든 몰러 주택이든 모두 가장 내밀한 공간에서 주택 전체를 통제하는 시선을 지니고 있다는 점이다. 베아트리스 콜로미나는 이 점에 주목하여 아돌프 로스의 주택이 지니는 시선의 심리적인 관계를 명석하게 분석하였다.[60] 비엔나공작연맹을 위한 주택Werkbundsiedlung Wien이나 몰러 주택, 뮐러 주택 모두 가장 깊은 곳에 있어 사람에게 잘 감지되지 않는 공간, 이를테면 떠 있는 이층 거실, 담화실, 부인을 위한 방에서, 실내를 바라보는 은밀한 시선을 만든다는 것이다. 뮐러 주택의 '부인의 방'은 마치 극장의 박스석처럼 거실과 테라스 외부의 공간을 바라본다. 이 방은 내부와 외부, 공公과 사私, 대상과 주체의 구분이 모호하다. 바꾸어 말하면 벤덤의 일망감시 시설의 시선이 사적인 주택에 적용된 것이다.

　　콜로미나는 아돌프 로스가 계획안으로 마친 '조지핀 베이커의 저택Josephine Baker House'도 분석하였다.[61] 베이커는 제1차 세계대전 직후 1920년대 파리의 무대를 장악했던 유명한 댄서다. 주택의 중심에는 수영장이 있고 그 주위 세 변에는 복도가 있으며 수영장 안이 보이는 큰 창을 두었다. 이 수영장과 복도에서는 보는 사람과 보이는 사람의 관계가 역전된다. 거주자인 조지핀 베이커는 보이는 주된 객체가 되고, 방문자는 보는 주체가 된다. 이 공간에는 시선과 객체조지핀 베이커의 몸가 있으며, 이 관계는 일망감시기구팬옵티콘의 시선이 된다.

　　이와 같은 분석은 로스의 '라움플란Raumplan'이 단지 경제적인 이유에서 고안되었다는 기존의 입장을 벗어나, 근대 공간의 외부와 내부, 공과 사의 개념을 시선의 관계에서 새로이 해석한 것이다. "로스 주택의 거주자들은 가족 무대의 배우임과 동시에 관객이다. 이들은 자신들의 공간에 얽혀 있지만 동시에 분리되어 있다. 외부와 내부, 공과 사, 대상과 주체 사이의 전통적인 구분은 휘감기게 된다."[62] 그리고 아돌프 로스의 건축과 르 코르뷔지에의 건축의 차이를 이렇게 정리한다.

　　"로스 건축의 주체는 연극배우다. 그러나 주택의 중심이 연기를 위해 비워져 있는 반면, 우리는 이 공간의 문턱을 점유하고 있는 주체를 발견한다. 주체는 각자의 역할을 수행하는 배우와 관객으로 분열된다. …… 르 코르뷔지에 작품의 주체는 '장면뿐 아니라 그 자신으로부터도 소원해진' 영화배우다."

여기에서 '연극배우'란 한 장소에 머물며 주변 공간과 대상에 던지는 시선을 말하며, "이 공간의 문턱을 점유하고 있다"는 것은 신체는 머물고 있으나, 관객을 향하는 연극배우처럼 시선이 외부를 향하고 있음을 말한다. 이와 같이 건축의 '시선'은 물체를 배치하는 수단이 아니라, 근대와 현대라는 사회에서 바라는 외부와 내부공간 개념이 아니다, 공publicity과 사privacy의 관계 또는 존재와 현상, 촉각적 공간과 시각적 공간의 연결 관계를 해석하는 것과 같다.

건축가 세지마 가즈요妹島和世가 설계한 나가노현長野県의 지노茅野 주택은 이와 같은 시선의 관계를 공간으로 재해석한 결과다. 잘 정리된 숲속에 지은 이 주택은 두 개의 원을 내포한다. 아틀리에로 만든 안쪽 원은 지붕을 덮고 있다. 결과적으로 안쪽 원이 중심이 되고 바깥쪽 원은 주변에 속한다. 일반적으로 가장 안쪽에 두어 사람의 시선을 피하게 하는 욕실을 이곳에서는 숲을 향해 열어놓았다. 그리고 외주부에서 폭이 넓은 쪽은 창을 열고 닫는 방식에 따라 외부에 면하기도 하고 격리되기도 한다. 이 주택은 가장 공적인 거실을 은폐하고, 아틀리에를 중심에 둠으로써 기존의 공과 사에 대한 개념을 역전시켰다.

거실에서 아틀리에의 문을 열어 안쪽을 바라보면, 아틀리에가 마당처럼 느껴진다. 그러나 이 문은 턱이 있는 창문이어서 거실에서 보면 아틀리에와 거실이 격리되어 보인다. 그러나 아틀리에에서 이 창문과 일직선상에 있는 거실 창을 바라보면, 거실 공간은 사라지고 외부처럼 보이던 아틀리에의 시선이 직접 외부로 연결된다. 아틀리에 벽면에는 영사실 모양의 창이 뚫려 있고, 계단으로 연결되는 문 위로는 발코니가 돌출되어 있다. 그래서 아틀리에 밖에 있던 누군가가 이쪽을 볼 것 같은 시선을 의식하게 된다. 아틀리에 공간에는 긴장이 감돈다.

다시 말해 아틀리에 안에서는 창문을 닫으면 완전히 사적인 공간이 되고, 문을 열면 외부로 향하는 시선이 생긴다. 그렇지만 그때마다 안쪽의 작은 개구부를 통해 의식되는 시선은 이와 같은 두 가지 시선과 교차하여 갈등을 일으킨다. 비평가 아사다 아키라의 구분을 빌려, 아틀리에의 창문과 거실 창문을 통해 바라보는 시선은 선생님을 바라보는 학생의 시선과 같은 것이며, 아틀리에의 창은 학생 뒤에서 쳐다보는 선생님의 시선과 같은 것이다. 지노 주택의 시선은 내부인 아틀리에를 외부화하고, 외부인 거실을 내부화한다. 도형상 내부와 외부가 지각적으로 역전되어 있는 것이다. 우리가 시선을 통해 아돌프 로스의 주택을 읽는 것은 바로 이와 같이 새로운 시선으로 건축을 해석하기 위함이다.

낮은 시선

근대 이후로 시선이 많이 바뀌었다. 오늘날 우리가 사는 도시에서는 부석사와 파르테논처럼 대상이 주체로 직접 연결되는 모습을 찾기 힘들다. 만일 경험한다면 스카르파가 설계한 미술관처럼 내부적으로 한정된 곳일 테다. 이와는 반대로 매일 지하철을 타고 이동해도 관심의 대상은 각종 광고물이 걸린 내부뿐이다. 이동하는 차창 밖의 어두운 공간은 전혀 인식할 수 없다. 오직 역과 역 사이의 관계와 이동만이 전체다.

시선의 높이는 스케일과 관계가 있다. 1 대 10,000에서는 교통이나 집약된 배치를 도시적인 스케일에서 표현하지만, 1 대 1,000에서는 도시 안에서 가구街區가 표현된다. 여기까지는 근대 이후 부감적으로 도시를 인식하고 표현하며 경험하는 비행기의 시선에 대응한다. 1 대 100은 순수하게 건축적인 스케일의 세계다. 시선의 높이는 크게 낮아지고 도시의 현실과 일상생활을 주시하며 그 안에서 실천하고자 한다. 그리고 이것이 1 대 10이 되면 사람들과 사물이 만나 사건event에 주목하기 시작한다. 그리고 마지막으로 1 대 1의 스케일은 신체 그 자체의 세계가 된다. 이 스케일에서는 도시 안에서 타자가 드러나는 한계점이 된다.

이처럼 1 대 10,000에서 1 대 1로 스케일이 줄어듦에 따라 어떤 대상이 나타났을 때 그것을 어떻게 생각해야 하는지도 달라진다. 요약하면 새가 보는 시선, 즉 조감도bird's eye view에서 문제를 파악하느냐, 아니면 벌레가 보는 시선, 즉 충감도worm's eye view로 바라보느냐인데, 이에 따라 건축과 도시를 대하는 태도가 달라진다. 시선視線이란 문자 그대로 시視의 선線만 있는 것이 아니다, 시선은 시視의 고高에 관한 것이며, 또 시고視高는 시선의 변화를 가져온다.

'새가 보는 시선'에서는 도시와 건축의 마스터플랜masterplan을 짜고 그 안에서 세부를 결정하고, '벌레가 보는 시선'에서는 늘 변화하는 도시에서 생활하는 작은 부분부터 결정해간다. 위에서 내려다보면 생각보다 많은 시간을 매일 걸어 다니며 앞뒤 부분만 보게 된다. 벌레의 시선에서 보아야 주택이 보이고 가게도 보이며, 도시 사이의 빈틈이 보인다. 또 공간을 다른 용도로 바꾸면 어떻게 될 것인지도 보인다.

놀이공원에 가면 대관람차가 있다. 거대한 바퀴에 작은 방 여러 개가 매달려 있는데, 바퀴가 회전하면서 먼 곳을 바라볼 수 있게 만들었다. 이때 수직으로 회전운동을 하는 형태가 대관람차이며, 수평으로 회전하면 비행탑이나 회전목마가 된다. 다만 비행탑은 근대적이고, 회전목마는 중세적이다.

그런데 정작 디즈니랜드Disneyland[63]에는 근대 유원지의 중심인 대관람차를 두지 않는다. 본래 디즈니랜드는 외부를 배제하고 자기 완결적인 공간을 만든다. 때문에 부감하는 시선도 제외시켰다. 대관람차를 타고 올라가 주변을 한눈에 바라보게 되면 디즈니랜드가 만들어놓은 이야기에 온전히 몰입할 수 없기 때문이다. 그래서 지형도 되도록 평탄하게 만들었다. 안에 있는 사람의 시선에 디즈니랜드가 아닌 '외부'가 들어오지 않게 울창한 나무들이 성벽처럼 두르고 있다. 덕분에 바깥에서도 내부가 어떤지 알 수 없다. 그러니까 디즈니랜드에는 내부와 외부를 교차하는 시선이 없다. 그 대신 자기 완결된 내부를 위해 신데렐라의 성이 초점이 되는 풍경비스타, vista을 만들었다.

디즈니랜드의 대관람차 이야기는 오늘날 1 대 10,000이나 1 대 1,000이라는 비행기로 본 부감의 시선이 부정되고, 1 대 100이나 1 대 10 스케일의 시선에서 공간이 작동됨을 의미한다. 근대 이전부터 도시 공간에는 다양한 시선이 얽혀 있었다. 도시 안의 주택은 본래 길 풍경을 보거나 행렬을 구경하던 곳이었다. 곧 1 대 1,000의 스케일에서 시선이 교차했다.

그러나 도로를 단지 교통 기능에 한정되게 만들자, 도시 주택의 창문은 프라이버시와 소음을 막는 건축 요소로 한정되었다. 다시 말해 1 대 100이나 1 대 10이라는 스케일의 시선이 중요해진 것이다. 근대사회에서 '시선'이라고 하면 프라이버시와 결부하여 통제해야 하는 것으로 여기는 이유도, 바꾸어 생각하면 건축이 도시와 건축에서 결부된 시선의 장이기 때문이다. 그렇다면 건축설계는 시선을 계획하는 작업이다.

역사학자 미셸 드 세르토Michel de Certeau는 『일상생활의 실천 The Practice of Everyday Life』에서 도시를 바라보는 두 가지 상반된 시선으로 지금의 뉴욕을 살펴보았다. 하나는 엿보기의 시선이고, 다른 하나는 걷기의 시선이다. 드 세르토는 거리를 걷는 사람의 시선과 고층 빌딩 꼭대기에서 엿보는 시선이 극단적으로 분리되어 있는 뉴욕을 '현대도시의 정수'라고 표현했다.

"도시의 경험은 마치 맨해튼의 세계무역센터 110층에서 내려다보는 시각적 경험과 유사하다. 건물 110층에서 내려다본 시선은 도시의 모든 곳을 다 볼 수 있는 전지전능한 신의 시선이며, 관음증적인 신의 시선이다." 이를 그대로 받아들이면 도시에는 훔쳐보는 자voyeurs와 걷는 자walkers가 있다고 정리된다. 다시 말해 오만하게 내려다보는 훔쳐보는 시선과 자기 높이에서 주변을 맞추는 시선이 있다. 훔쳐보는 자는 1 대 1,000의 스케일이고, 걷는 자는 1 대 10 또는 1 대 1의 스케일이다.

시선과 사회적 공간

소설을 원작으로 1983년에 만든 일본 영화 〈가족 게임家族ゲーム〉은
식탁에서 시작한다. 가족은 마치 혼자인 것처럼 일렬로 나란히 앉
아 시선을 마주하지 않는다. 시선을 마주하지 않는다는 것은 같이
살기는 하지만 아무런 관계를 갖지 않겠다는 뜻이다. 이 영화에서
식탁의자가 마주보게 놓이는 건 딱 한 번, 이웃집 여자가 와서 울
때다. 이들에게 식탁은 대화를 나누는 곳이 아니다. 이런 건축적
장치만을 두고 보면, 가족이 식탁에서 나란히 앉든 마주보고 앉든
물리적인 공간은 그대로다. 그러나 시선을 마주하는 공간과 외면
하는 공간은 같지 않다. 시선은 물리적이지 않은 또 다른 공간, 곧
사회적 공간을 만든다.

　　　네덜란드 건축가 헤르만 헤르츠베르허Herman Hertzberger의 책
『공간과 건축가Space and the Architect』[64]에는 여러 사진이 실려 있는데,
특히 사람이 함께 있는 사진들이다. 여기에서는 사진을 통해 시선
과 사회적 공간의 관계를 다시 생각해본다.

　　　인도네시아에 있는 니아스Nias라는 마을에는 목조 주택들
이 열을 이루며 마주보고 있다. 그리고 그 사이에 길이 나 있다. 이
곳의 주택은 1층 위에 커다란 거실을 두는데, 수평의 슬리트를 통
해 길에서 일어나는 모든 일을 볼 수 있다. 한 집만 그런 것이 아니
라 모든 집이 같은 방식이어서 어느 누구나 항상 시선을 길에 두
고 있다. 집과 집 사이에는 두 집이 같이 사용하는 계단을 통해 길
에서 거실로 올라간다. 그러나 집마다 사적인 방은 뒤에서 따로
출입할 수 있다. 이처럼 시선이란 교신하는 것이다. 공적인 부분에
는 모든 시선을 열고, 사적인 부분에는 그 밖의 시선을 막고 있는
다. 이 방식은 오늘날의 새로운 주거 계획에서 반드시 적용할 수
있게 논의되어야 할 부분이다.

　　　중국의 토루土樓는 많은 사람이 둥글게 에워싸고 사는 집합
주거 형식이다. 팬옵티콘은 중심과 원주가 지배와 피지배의 관계
를 나타내지만, 토루의 원형은 함께 사는 공동체의 삶을 크게 강

조한다. 원형의 지름은 약 20미터 이상이고 큰 것은 85미터나 된다. 외주의 토벽은 1-2미터이고 출입구는 한 곳이다. 외적의 침입을 막기 위해 2층 이상에 작은 창이 있을 뿐이다. 바깥쪽 벽에 깊이 5-6미터인 원둘레를 20-50등분하여 폭 3-4미터, 넓이 15-20 제곱미터인 단위 주거가 늘어섰다. 대개 3-4층이며 공용 계단이 두세 군데 있다.

외부에 대해서는 완벽하게 닫혀 있는 반면, 내부에 대해서는 지나치리만큼 개방적이다. 모든 세대는 1층에 부엌, 2층에서 4층 사이에 부부침실, 자녀방, 노부모방을 둔다. 가족의 방을 수직으로 배열해서 오가려면 공용 계단과 중정의 회랑을 이용해야 한다. 그러나 이것은 동선으로만 이해할 것이 아니다. 빈번하게 움직이고 지나다니는 사이에 함께 사는 이들의 시선이 무수하게 교차한다. 1층의 방은 모두 에워싸인 마당을 향하고 있어서 형식적으로는 중층된 아주 큰 원형 극장처럼 보인다. 이들은 운명 공동체인 가족이다. 지금의 사고방식으로 보면 불편하기 그지없겠으나, 이는 모든 세대가 평등하다는 뜻이며 평등하기 때문에 공동체의 결집이 높아지는 것이었다.

공공 공간의 시선에 주목하는 것은 공적으로 사용되는 건축물을 설계하기 위한 것이다. 그런데 도시는 크게 감시·관찰되는 건물과 비교적 감시·관찰되지 않는 건물로 나누어 볼 수 있다. 헤르츠베르허는 '집합적 공간, 사회적 사용'[65]이라는 항목에서 뉴욕의 록펠러 플라자Rockefeller Plaza, 마드리드의 마요르 광장Plaza Mayor, 암스테르담의 담 광장Dam Square과 같은 넓은 장소만이 아니라 골목이나 공터, 스타디움, 미술관, 철도역, 도서관과 같은 건물 등 열여섯 장의 사진을 통해 도시 안에서 일어나는 사람들의 다양한 모임을 잘 보여준다. 사진에 담긴 시선에 관심을 두고 살펴보면, 도시와 건축이 시선의 관계 속에서 또 다른 공간을 형성하고 있음을 이해하게 된다.

그리고 다이어그램으로 '중심화된 주목/집중, 다핵적 주목/분산'을 설명한다. '중심화 한 주목/집중'이 모든 사람이 한 점을 향해 주목하는 교회나 극장, 강의실과 같은 팬옵티콘의 시선이라면, '다핵적 주목/분산'은 길이나 광장에서 사회적 행위가 활발하게 일어나는 공공 공간의 시선이다. 길, 광장, 카페, 로비에서는 각자의 의지에 따라 장소를 얻고자 하므로, 한 점을 향하는 시선이 없고 각자 다른 시선을 교신하거나 시선을 숨길 수도 있다.

헤르츠베르허는 이런 시선의 관계를 건축에 적용하기 위한 방법을 제시한다. 그중에서 가장 단순하면서도 중요한 방법은 단면[66]으로 사회적 공간을 구성하는 것이다. 여기에서 단면은 물리적인 공간 구성이 아닌 시선을 분산하거나 다시 결합하기 위한 것임을 상기할 필요가 있다.

5장

건축과 운동

사람이 머무는 장소의 집합을 중시할 것인가,
아니면 사람이 이동하면서 그때마다 사용하는
장소를 중시할 것인가.

공간 속 운동

어디를 향해 가다

건축에서는 크든 작든, 중요하든 덜 중요하든, 저마다 '고유성'이 있다. 이런 고유성은 건축물 안에서 공간을 경험함으로써 이해할 수 있다. 우리는 건물 주변이나 내부를 돌아다니고 바라보고 사용함으로써 공간을 경험한다. 이를테면 '숲속의 공동묘지'에서 '부활의 교회'를 향해 움직일 때, 저 멀리 있는 숲과 교회가 말을 건네는 듯한 느낌을 받는다. 어딘가를 향해 걷는 것은 인간의 경험에 토대를 두고 건축 안에서 삶을 재현하는 것이기 때문이다.

사람은 이러한 경험과 움직임을 연속적으로 표현하고자 하는데, 이를 공간 속 '운동'이라고 한다. 사람은 건축 안에서 생활의 무대를 체험한다. "건축의 목적이라고 말할 때 내가 의미하는 바는, 건축은 일정한 기간 동안 계속되는 연기를 위해 고정 무대를 만들어주는 것이며, 사건들이 일정하게 잇따라 나타나기 위한 통로를 제공한다는 것이다."[67]

인도 사람들은 걸으면서 명상한다. 걷는 중에 가장 행복한 순간을 발견한다고 믿기 때문이다. 이러한 맥락에서 볼 때 건축은 사람이 걷고 움직이며 보는 동작으로 삶을 더욱 묵상하게 만든다. 건축은 다른 예술로는 표현하기 어려운 사람의 운동과 반드시 함께 한다. 어떤 건물이든 그곳을 향해 들어가고, 그 안을 걸어 다닌다. 어떤 때는 집의 문을 지나면서 공적인 영역에서 사적인 영역으로 바뀌는 인터페이스를 느낄 수 있다. 이 문이 그리스 신전의 입구인 프로필레아가 되면 건물에 이르는 길은 더욱 특별한 의미를 지니게 된다.

인간의 삶이란 연속적이다. 그리고 그때마다 과거의 경험과 지금의 경험 그리고 앞으로 닥쳐올 경험에 대한 기대 속에서 흘러간다. 건축 공간에서 이루어지는 '운동'으로 우리는 삶을 반영하고, 한 편의 드라마를 만들어갈 수 있다.

건축이 다른 예술과 다른 점은, 건축 공간에서 움직이는 것이 이렇게 당연하게 여겨질 정도로 현실적이며 신체적이라는 것이다. 회화나 조각이 운동을 표현한다고는 하나, 그것은 움직임 그 자체가 아니며, 화폭과 같은 제한된 범위 안에서 움직임을 표상할 뿐이다. 그렇지만 건축은 인간의 움직임을 현실 공간에서 나타낸다. 그리고 건축물 안에서 이동하거나 건축물을 향해 갈 때, 곧 어떤 장소에서 다음 장소로 가는 사이에 가장 근원적인 체험이 생긴다.

노르웨이의 건축이론가 크리스티안 노르베그슐츠Christian Norberg-Schultz는 실존적 공간이 목표goal와 진로path로 이루어진다고 정리했다. 어떤 목적을 향해 나아가는 것이 건축 공간의 기본이라는 것이다. 맞는 말이다. 그런데 조건이 하나 있다. 사람은 하나의 정해진 목적지만을 향해 가는 것이 아니다. 사람은 움직이고 돌아다니며 자신에게 적당한 장소를 발견한다. 따라서 실존적 공간에 대한 노베르그슐츠의 말은 돌아다니며 자신의 목적지를 발견해 가는 것이라고 해야 옳다. 일상생활에서도 우리는 이렇게 움직이고 목적지를 발견해간다.

예술사가 다고베르트 프라이Dagobert Frey는 어떤 공간에서 목표目標와 진로進路를 가진 운동이 이루어진 것이 건축이라고 말한 바 있다. 이 설명을 앞서 언급한 숲속 공동묘지에서 부활의 교회를 향해 걸어들어가는 운동의 경험과 함께 생각하며 읽어보기 바란다. "모든 건축 예술은 목표와 진로라는 두 개의 계기를 매개하는 공간을 형성한다. 민가나 신전 등 모든 건물은 진로가 구축적으로 형성된 것이다. 입구를 지나 안으로 들어가면 모든 것이 구축적으로 형성된다. 움직임에 따라 펼쳐지고 깊어지면서 통일된 공간이 순서를 따라 나타나게 된다. 이렇게 일정한 공간이 체험된다. 그러나 주위에 있는 공간의 관계에서 본다면, 건축은 신체로 형성되는 목표다."[68]

인간의 경험이 건축 공간 속 운동으로 표현되는 이상, 운동에는 문화적인 측면이 있다. 이와 관련해 더욱 자세한 설명이 필요하겠으나, 여기에서는 건축에서 운동이 지니는 문화적 가치에 대해서만 조명하기로 한다. 앞에서 인용한 프라이의 명저 『비교예술학Grundlegung zu einer Vergleichenden Kunstwissenschaft』에서는 조형예술을 신체 표현과 공간 표현이라고 보았다. 그리고 조각과 같은 조형예술에 대하여는 '직립 모티프'와 '운동 모티프'를, 건축에 대해서는 '목표 모티프'와 '진로 모티프'를 설정하여 서로 비교했다.

이때 이집트의 조각은 대담하게 정해진 방향을 향해 앞으로 나아가는 모습이지만, 수메르의 조각은 아무런 의지 없이 단지 그곳에 있을 뿐이다. 이는 각각의 건축 평면과 그 시대의 인생관을 그대로 반영한 것이다. 이집트 사람은 피라미드의 배치처럼 정해진 행로를 가는 것을, 수메르 사람은 축 위가 아닌 비켜난 곳에 방을 두어 한정된 세계에서 사는 것을 근본적인 경험으로 여기고 있기 때문이다.

이에 비하면 그리스의 조각은 외면적으로는 정지하고 있는 듯이 보이지만, 실은 잠재적인 운동감을 표현하고 있다. 이는 시간적으로 경험되기보다는 단독 건물이 지형에 대응하며 자립하는 그리스의 건축과 비교된다.

멈춤과 이동

무조건 공간에서 움직이는 것만이 인간의 운동은 아니다. 인간의 운동은 공간에서 두 가지 움직임으로 나타난다. 하나는 어떤 장소에 멈추는 움직임이며, 다른 하나는 이 멈춤의 장소에서 또 다른 멈춤의 장소로 이동하도록 이끌어주는 움직임이다. 일반적으로 멈춤의 공간으로는 아트리움, 회랑, 중정과 같은 패턴이 있고, 이동에 대응한 공간으로는 움직임 자체를 공간으로 만든 것이 있다. 멈춤이라고 하지만 그렇다고 완전한 정지를 뜻하는 것은 아니다. 달리 표현하면, 멈춤의 공간은 한 곳에 서서 주위를 바라보며 물체와 공간의 배열을 파악하는 공간이며, 이동의 공간이란 움직이면서 전체를 파악하는 공간이다.

파울 프랑클은 『건축 형태의 원리』에서 이 두 가지 움직임을 르네상스 건축과 바로크 건축에 비교했다. 르네상스의 중심형 교회는 관찰자와 무관하게 독립적으로 파악되지만, 바로크 건축은 축을 따라 움직이면서 경험된다는 것이다. 목표를 향해 계속 이동하는 운동 형식과 어떤 한 장소에 머무는 운동 형식은 고딕 성당과 르네상스 교회와도 비교된다. 고딕 성당은 계속 사람을 움직이게 하는데, 르네상스 교회에서는 단위가 분절되어 있고 형태가 완결되어 그곳에 멈추게 한다는 의미다.

"고딕의 대성당에서는 '주보랑이 다각형으로 된 경당을 둘러싸면, 그 공간에서 일어나는 모든 운동은 관찰자를 끊임없이 회전운동 속으로 끌어당긴다. 관찰자는 되돌아갈 생각조차도 못한다. 앞을 향해 열린 통로를 따라가노라면 관찰자는 도달할 수 없는 목표에 끝없이 끌려 들어가는 것이다.' 이와는 반대로 평면이 중심형인 르네상스의 교회에서 '순수한 공간군空間群은 아무도 들어오지 못하게 만든다. 그리고 이와 마찬가지로 그곳을 떠나지도 못하게 만든다.'"[69] 프랑클의 이 문장은 회전 운동, 목표를 향한 운동, 완결된 멈춤처럼 운동과 공간의 관계를 말하고 있다.

이는 고딕 건축이나 르네상스 건축만의 설명이 아니다. 이라크 사마라 대모스크Great Mosque of Samarra의 미너렛minaret, 첨탑인 알말위야Al-Malwiya에서는 계속 회전운동을 하게 되고, 이집트 카르나크 신전Karnak Temple에서는 직선으로 목표를 향해 나가게 하며, 로마의 판테온Pantheon에서는 평면의 중심에 있는 그 자리에 멈추게 한다. 우리나라 옛 건축에서는 목표를 향해 나가는 운동은 많지만 회전운동을 일으키거나 한 자리에 멈추게 한 건물은 없다.

순회와 방사

미국의 생태심리학자 제임스 깁슨James J. Gibson은 『시지각에 대한 생태적 접근The Ecological Approach to Visual Perception』이라는 책에서 동물은 환경에서 정보를 얻어 행동하기 위해 움직인다고 주장했다. 그의 이론에 따르면 동물에게 행위의 가능성을 주는 환경의 성질을 '어포던스affordance'라고 한다. 사람이 움직이는 것도 환경에서 무언가 변화하지 않는 성질, 항상적恒常的인 것을 얻기 위해서다. 이러한 가능성을 발견하기 위해 몸을 움직여 찾아 나서고 환경을 점차 안정적으로 바꾸어간다는 것이다.8권 『부분과 전체』'어포던스' 참조.

픽처레스크picturesque 정원을 걷는 것은 더 많은 '흥취'를 얻기 위함이다. 이는 대상을 향하는 초점은 늘 움직이지만, 그 움직임 안에서 항상적인 것을 파악하는 어포던스로 이해할 수 있다. 사람은 신체를 움직이는 동시에 빛의 움직임이나 주변의 달라진 모습을 즐긴다. 산에 오르고 바다를 찾는 것이 그러하다.

프랑스 인류학자 앙드레 르루아구랑André Leroi-Gourhan에 따르면, 수렵하는 인간이 동굴에 그린 그림에는 방사하는 방법이 없으며, 구체적으로 평면을 표상하는 시야가 나타나 있지 않다는 것이다. 라스코 동굴Lascaux Caves에서는 주제를 알 수 없는 그림이 진로를 따라 이어진다. 다른 동굴에서는 그림과 그림 사이가 2킬로미터나 떨어진 대상을 그린 흔적이 있으며, 선형의 그림이 반복되기도 한다. 이들에게는 어딘가를 향해 걷는 것이 그토록 중요했다는 뜻이다. 르루아구랑은 인간의 진화는 뇌에서 시작된 것이 아니라 다리에서 시작되었다고 했다. 걸으면서 생각을 하고 누군가를 만나기도 하면서 언어가 생겨났다는 것이다. 이처럼 건축물 안에서 사람이 움직이고 머물고 운동하는 것은 타인을 만나 언어로 커뮤니케이션하기 위함이다.

르루아구랑은 『몸짓과 말Le Geste et la Parole』[70]에서 사람이 주변 세계를 지각하는 것은 순회 공간巡廻空間과 방사 공간放射空間이라는 두 가지 방법으로 이루어진다고 했다. 순회 공간은 어려운 길이라도 걸어 다니며 동적으로 의식하는 공간이고, 방사 공간은 자신은 움직이지 않고 잘 알지 못하는 세계가 점차 얇게 펼쳐지는 정적인 공간이다.

순회 공간은 여러 곳을 향한 길을 따라 가는 세계상이지만, 방사 공간은 땅과 하늘이라는 대립하는 두 개의 표면이 지평선에서 하나가 되는 세계상이다. 순회하는 방법은 지상의 동물의 특징으로 근육과 취각으로 수평을 이루고, 방사하는 방법은 새의 특징인 발달된 시각으로 수직에 관계된다.

사람에게는 순회 공간과 방사 공간이 따로 있지 않고, 움직이는 시간 속에 결부되어 있다. 그래서 두 가지 운동 방식으로 세계를 재현하는 것은 이중적이다. 유목민이 수렵하고 채집하기 위해서는 스스로 걷고 움직임으로써 주변 영역을 파악해야 한다. 그런데 사람들이 정착한 다음부터는 걷기보다는 거점에 머물렀다. 그리고는 자신의 곳간을 중심으로 움직였는데, 동심원이 펼쳐지듯이 세상을 보기 시작한 것이었다.

프랭크 로이드 라이트Frank Lloyd Wright의 '브로드에이커 시티 Broadacre City'는 그가 사랑하는 미국 중서부에 펼쳐진 대초원을 기반으로 공업적 요소를 완전히 없애고 도시 공간을 전원으로 바꾸려는 계획안이었다. 브로드에이커 시티는 전화 도시와는 반대로 자동차 교통만으로 만들어진 도시의 이미지였는데, 차로 움직이므로 대지는 아무리 넓어도 상관없다고 생각했다. 대중 교통은 일체 없고 차와 헬리콥터로 자유로이 이동하도록 계획했다. 그리고 가정마다 땅 1에이커를 주고, 넓고 아름다운 풍경이 보이도록 다양한 시설을 통합·배치한 모습을 그렸다. 이런 주거 형식을 수평으로 펼치는 자동차 사회의 분산된 도시 이미지를 나타냈다.

이와는 반대로 르 코르뷔지에가 구상한 '빛나는 도시Ville Radieuse'는 하나의 중심축에서 직교하는 방향으로 도시의 여러 기능이 전개되는 선형 도시였다. 북쪽에는 마천루의 업무 센터와 교통 터미널을 두었으며, 도시 성장과 확장에 대응하기 위해 밀도를 높이고 이동시간을 줄이고자 했다. '브로드에이커 시티'가 순회 공간이라면, '빛나는 도시'는 방사 공간이다.

근대의 산업사회에서 그 이전과 비교할 때 물건과 사람과 정보의 양이 비약적으로 늘어났다. 스케일과 속도도 비교할 수 없을 정도로 훨씬 커졌다. 근대 이전에 농업을 기반으로 한 정주사회에서는 안정된 장소에 살면서 대체로 방사 공간에 만족하였으나, 근대 이후 이동성이 격증하자 순회 공간이 역전하였다.

산책

사람은 어떤 목적을 가지고 장소에 가는 것처럼 보인다. 그런데 실은 그 장소에 가서야 비로소 무엇을 해야겠다고 결정하는 일도 다반사다. 이때 목적지에 가는 것뿐 아니라, 도달하기까지의 과정에서 특정한 장소를 발견하는 것도 의미 있다. 가고자 하는 목적지가 정해져 있어도 그것에 이르기 위해 거치는 장소와 경험이 또 다른 목적지가 된다는 말이다.

사람이 머무는 장소의 집합을 중시할 것인가, 아니면 사람이 이동하면서 그때마다 사용하는 장소를 중시할 것인가에 따라 건축을 대하는 태도와 구성 방식이 크게 달라진다. 정원에서도 마찬가지다. 베르사유 궁전의 정원으로 대표되는 기하학적 정원에서는 특정한 위치에서 모든 것을 관망하도록 되어 있다. 그런가 하면 영국의 픽처레스크 정원처럼 한눈에 모든 것을 보는 시선이 생기지 않도록 계속 이동하면서 시시각각 전개되는 장면을 보여주기도 한다.

사람은 '어디에 가서 어떤 일을 해야지' 하는 생각만으로 공간을 움직이지는 않는다. 목적을 향해 직진하기만 하는 것이 아니라는 말이다. 오히려 공원이나 길과 같은 외부 공간을 특별한 목적 없이 산책하는 행위도 있다. 직선으로 걸어가고 싶어도 밀도가 높은 도시에서는 그런 길을 만나는 것이 더 어렵다.

확정된 한 점을 향하는 것과는 달리, 굽어 있는 길을 따라 산책하는 것은 관계가 명확하지 않은 시점을 움직이면서 연결하고 경험함을 뜻한다. 즉 산책은 확실하지 않은 풍경 안에서 자기가 정한 경계를 이탈하여, 사물의 관계를 사후에 연결하며 풍경을 늘 새롭게 발견하게 해준다.

좋은 경로는 선택할 수 있어서 스스로 경로를 정한다. 그래서 중정이 중요한 의미를 가질 때가 많다. "어떤 건물 안에서 여러분은 여러 교실의 실재를 어쩔 수 없이 스치게 되어 있다. 그러나 별다른 생각 없이 걸을 수 있다고 그 길이 좋은 길은 아니다. 또 광활하게 펼쳐진 초원을 걷는다고 무조건 기분이 좋은 것도 아니다. 이런 곳에서는 기분이 위축되기 쉽다. 오히려 느리게 걷고 조금 헤매는 것 같아도 걸으면서 무언가 발견해가는 것이 있는 길이 좋은 경로다. 좋은 경로는 선택할 수 있어서 스스로 경로를 정한다."[71]라는 루이스 칸의 언급처럼, 중정이 있는 이유는 그 다음에 내가 어디를 갈지 선택할 수 있다는 데 있다.

프랑스 최고의 사상가 중 한 사람으로 꼽히는 철학자 미셸 세르Michel Serres도 이렇게 말했다. 계속 이어지는 그의 말[72]을 잘라서 인용하며 그 뜻을 생각해보겠다. "정류장stations과 경로paths는 함께 시스템을 형성한다. 점과 선은 존재이고 관계다." 노르베그슐츠와 프라이가 말한 '목표'와 '진로'는 각각 정류장이고 경로다.

버스정류장은 버스를 타고 내리는 곳이므로 목적지이자 도착점이다. 여기에서 정류장은 점이고 존재를 대변한다. 경로는 선이고 관계를 대변한다. 항공 노선 네트워크 다이어그램도 이에 해당한다. "흥미로운 것은 시스템을 구축하는 것이고, 정류장과 경로의 수와 성질일지 모른다." 이는 어떤 경로를 거쳐 정류장 몇 개를 지나면 된다는 시스템으로 볼 일이 아니다. "복잡한 시스템은 형식적으로 기술되는 것이다." 그래서 이런 사고에서는 "선과 경로와 정류장, 그것들의 경계와 가장자리, 형태를 형성하고 배분할 수도 있다." 그렇지만 달리 생각해야 한다.

"선을 관통하는 것이 메시지의 흐름일지도 모른다." 공간 안의 경로에는 사람의 이동만이 아니라 메시지와 정보도 함께 흐른다. 그래서 "정류장과 정류장 사이에 있는 길을 따라 흐르는 흐름 안에서는 차단에 대해서도, 우연에 대해서도 써야 한다." 다시 말해 목적지에만 의미를 둘 것이 아니라, 경로에서 가려져 있는 것차단을 뜻하지 않게우연 만나는 즐거움이 있다는 뜻이다.

운동 감각

19세기 말에서 20세기 초, 건축을 비롯한 각종 예술은 '운동'을 어떻게 표현하는가 하는 문제에 관심을 집중했다. 그러나 이는 실제로 움직이는 운동이 아니라, 움직이는 것처럼 보이는 운동 감각이었다. 건축이론에서는 고딕 건축의 기둥이 갖는 리듬을 운동이라 말하기도 하고, 바로크 건축에서 벽면이 파동하는 느낌을 주는 것도 운동이라고 표현한다.

이러한 운동 감각은 근대 건축가에게 새로이 인식되었으며, 내부 공간에서 일어나는 운동을 시각화하기 시작했다. 근대 예술에서 운동 감각을 의식한 최초의 예는 아르누보Art Nouveau였다. 철제를 굽혀 식물의 곡선을 만들고 생명의 힘을 표현한 아르누보는 유리를 통해 훤히 비치는 내외부 공간을 구축했다.

그리고 여러 시점에서 사물을 바라본 다음, 사물이 운동하는 이미지를 하나의 캔버스 위에 합성하여 표현한 입체파와 같은 논리로 설명했다. 근대건축은 특히 계단이나 엘리베이터와 같은 이동 장치를 통해 실제로 사람들이 오르내리는 움직임을 시각적으로 표현하려 했다. 근대건축을 대변한 건축사가 기디온의 '시공간space-time' 개념도 이러한 운동 감각을 시각적으로 조형화하기 위한 것이었다.

근대건축에서 공간을 구성하는 움직임에 관해 중요한 개념을 등장시킨 이들은 미래파futurism였다. 그러나 미래파에서 보는 운동 감각은 본래 관념적인 것이 아니었다. 미래파는 현실세계가 실제로 움직이고 있는 것을 깊이 인식하고, 새로운 세기에 나타나기 시작한 속도 그 자체를 근대미학의 기본으로 삼았다. 그래서 마차와는 비교가 안 될 정도로 빠른 속도로 질주하며 도시 공간을 변혁시키는 자동차를 예술과 건축에 운동감을 부여하는 근본적인 동기로 여겼다.

미래파 조각가 움베르토 보치오니Umberto Boccioni는 "이 모든 신념은 나로 하여금 순수 형태가 아니라, 순수한 조형적 리듬을 탐구하게 했다. 물체의 구축이 아니라, 물체의 운동의 구축"이라고 말했다. 그는 조각을 '공간의 연속성의 단 하나의 형태'로 보고 움직임 자체를 인간의 본질로 여겼다. 그리고 이를 금속의 정지한 조각 안에 넣고자 했다.

미래파는 철도나 도로, 비행장과 같이 땅 위에서의 모든 교통수단이 교차하는 장으로서 미래 도시를 그렸다. 안토니오 산텔리아가 예견한 건축에는 고속도로, 엘리베이터 타워, 배기탑 등 도시의 본질인 '운동'이 새로운 조형으로 투영되어 있다. 그러나 그가 관심을 둔 것은 운동 그 자체가 아니라 운동 감각의 표현이었다. 즉 행동하는 인간이나 고속으로 이동하는 물질 또는 속도, 에너지의 움직임이었다. 이는 사람의 움직임에 맞추어 사물과 기계가 움직이고, 건축 도시가 그와 일체가 되어야 비로소 성립하는 것이었다.

한편 러시아 아방가르드Russian Avant-garde는 기술을 '말하는 건축'으로 치환하여 표현했다. 특히 베스닌 형제Vesnin brothers가 설계한 '레닌그라드 프라우다 계획Proposl for Leningrad Pravda Tower'은 건물의 프로그램을 완벽하게 '말하는 기계'다. 예술사가 아돌프 막스 포크트Adolf Max Vogt는 이 건물이 '노동' 또는 '작동Arbeit'이라는 개념을 표상한다고 말한 바 있다. 유리와 철골로 만들어진 이 타워는 오르내리는 사람들을 그대로 드러내 보인다는 것엘리베이터의 움직임, 분주하게 일하는 기자들의 작업 과정이 유리 피막을 통해 훤히 들여다보인다는 것기자들의 움직임, 건물 간판이나 서치라이트가 회전하며 쉬지 않고 움직이는 윤전기의 작동윤전기의 움직임을 나타냈다. 기계가 내부의 움직임을 상징하는 것이다.

물론 이 계획안을 공산주의자의 선전 건축이라고 평가할 수도 있지만, 만년의 미스 반 데어 로에의 단순한 상자와는 전혀 다른 모습이다. 당시 미스의 유리 건축은 기술의 직접적인 성과와 공간의 관계로만 설명할 수 있는 '기계 미학'이지만, 레닌그라드 프라우다 계획은 건축 내부의 작동을 '말하는 기계'다.

이러한 운동 감각은 근대건축의 공간이 조형적으로 전혀 다른 특성을 갖게 했다. 더 스테일의 조형 공간이 대표하듯이, 입체라는 관념에서 면이 입체의 성격을 대신하게 되었다. 이 독립된 면들은 긴밀하게 결합된 내부 볼륨을 파괴했고, 시각적으로 통일되지 않는 공간을 연속해서 표현하는 기법을 개발했다. 매스는 자유로이 배치되었으며 전체는 회화적으로 이루어졌다.

이는 사람의 실제 움직임과 기계의 운동에 바탕을 둔 것이었으나, 조금씩 비약하여 인간이나 물질에 따른 운동의 탐구가 아니라 시각적인 수준에서 파악된 운동 감각이었다. 바우하우스에서도 운동이라는 개념을 강조했지만 그것은 확산하는 요소를 시각화한 것이지 실제의 운동은 아니었다.

동선과 순환

건축의 운동이란 정지된 물질인 건축물 안팎에 사람의 움직임을 담는 것이다. 건축에서는 사람의 움직임을 순환circulation이라고 부른다. 동선動線도 순환의 일종이지만 의미가 제한적이다. 사람은 공간 안을 움직이면서 건물에 고정될 물체를 한 번에 지각하는가 동시적, simultaneous, 아니면 시간의 흐름에 따라 차례로 지각하는가 계시적繼時的, successive. 사람은 두 가지 방식을 모두 이용한다. 여기에 연속적인 지각을 의미하는 시퀀스sequence라는 개념이 포함된다.

동선

동선은 일반적으로 건축에서 사람과 물건이 이동하는 궤적과 방향 등을 나타내는 선이다. 어떤 지역이나 건물을 지나는 경제적이며 기능적인 흐름이 어떻게 이동할까 또는 어떻게 이동할 수 있을까를 검토하기 위해 평면도 위에 그린다. 사람이 건물 안을 움직인다는 것은 방과 방끼리의 관계 또는 문이나 복도, 계단, 엘리베이터처럼 건물 안을 움직이는 수단을 일컫기도 한다.

　　근대건축의 중요한 과제는 건물의 목적에 적합한 공간을 만드는 일이었다. 그러기 위해 기능적으로 충족하는 내부 공간의 단위를 설정하고, 경제적이며 기능적인 사람의 움직임에 따라 방을 효과적으로 결합할 필요가 있었다.

　　러시아의 구성주의 건축이론가 모제이 긴스부르크Moisei Ginzburg는 기계를 위한 건물과 인민을 위한 건물의 관계를 설정하기 위해 가장 경제적인 동선으로 건물을 다시 조직하는 방식을 제안한 바 있다. 이런 방법은 각종 건축설계 자료집이나 건축 계획 교과서에 등장하는 동선도와 같은 것이다.

동선은 기능을 판별하는 기준이 되었다. 동선은 기능주의의 본뜻에 따라 사람이나 물건의 움직임을 분석하고 움직임의 양을 예측하여, 안전하고 효율적으로 이동할 수 있어야 하는 것이 되었다. 그래서 사람의 흐름을 기능적으로 분산·배치하는 방식, 또는 그것을 구체화한 문과 복도 등의 연결 방식을 '동선'이라는 용어로 말한다. 학교에서는 동선의 길이가 짧아야 하고, 종류가 다르면 교차하지 않게 하는 것이 평면 설계의 기본이라고 배운다. 이는 동선이 객관적이며 효율을 중시하는 건축계획학과 관련을 맺었기 때문이다.

주택에서 가사를 위해 이동하는 경로를 '가사 동선'이라 한다. 아침마다 세면대와 화장실을 빈번하게 사용하는 것을 완화하기 위한 경로는 주택의 '생활 계획 동선'이라 한다. 또 식사를 준비하고 세탁하고 청소하는 등의 움직임을 짜는 것을 '가사 동선 계획'이라 한다. 동선은 기능에 따라 공간을 설계하는, 방을 나누는 조건과 기준이 된다. 이것을 용도지역 지구제를 뜻하는 용어와 같은 이름인 조닝으로 부른다.

부부침실이나 자녀방을 '프라이빗 존private zone', 부엌이나 욕실을 '새니터리 존sanitary zone', 그것을 잇는 복도나 계단은 '통로 존path zone'이라고 한다. 그리고 합리적인 동선으로 이 조닝 사이를 이동해야 한다. 예를 들어 병원에서는 동선이 교차하지 않게 하고 간호사의 동선을 짧게 한다. 백화점에서 직원은 고객이 보는 데서 분주하게 움직여서는 안 되는데, 이때 고객의 동선이 길어야 한다는 조건이 붙는다.

그러나 동선이라는 개념이 있기 이전에 건물은 안과 밖에서 일어나는 움직임을 풍부하게 해석하고 있었다. 팔라초 마시모 알레 콜로네Palazzo Massimo alle Colonne의 평면을 살펴보면 건물과 나란한 길에서 들어온 사람의 움직임이 복도를 따라 안쪽 중정으로 깊게 이어진다. 이 복도는 한번 꺾이면서 계단으로 이어지고, 중정을 지난 움직임은 다시 다른 복도로 이어진다. 큰 방이라고 우월하지 않으며 모든 방이 대등하게 조직되어 있다.

　　이처럼 '사람의 움직임'은 건축과 도시를 연결하는 매개다. 실체solid와 허체void의 공간적 관계를 설명할 때 자주 등장하는 건축가이자 측량사였던 지암바티스타 놀리Giambattista Nolli의 로마 지도를 보아도, 가로나 광장의 동선이 방과 같다는 것을 알 수 있다.

　　18세기 시에나의 조감도를 보면 굵게 이어진 길과 거기에서 파생된 길이 근육 사이 혈관처럼 미세하게 건물을 연결하는데, 사람은 이 길을 따라 움직인다. 동선이라는 개념을 모르고도 건물과 건물군이 이루는 구역이 크고 작은 길로 연결되어 있음을 알 수 있다. 사람의 움직임을 최단 거리와 조닝으로 나누고 조직하려 했다면, 이런 아름다운 도시 공간은 없었을 것이다.

순환

공간을 지나는 움직임

동선은 영어로 'traffic line' 'flow line'이라고 하고, 동선도는 'traffic line diagram' 또는 'flow diagram'이라고 한다. 따라서 circulation 은 동선이 아니라 '순환'이라고 바꿔 불러야 옳다.

　　본래 '순환'은 19세기 후반 생리학에서 본격적으로 사용하던 용어였다. 당시 건축에서는 몸 안에서 피가 돌듯이 건물 안에서 사람이 움직이는 것을 뜻했다. 순환은 일종의 은유로 사용되곤 했다.[73] 그 전에는 뒤랑J.N.L. Durand이 축으로 볼륨을 배열하는 것을 두고 'distribution분배'이라는 단어를 사용했다. 그러던 것이 건물 안에서 사람이 움직인다는 의미로 처음 쓰인 것은 1872년 외젠 비올레르뒤크Eugène Viollet-le-Duc의 『건축강의Lectures on Architecture』 제2권[74]에서였다.

　　르 코르뷔지에도 순환을 주택에서 도시에 이르는 조직을 기능으로 배열하는 중요한 인자로 보았다. "순환은 현대를 상징하는 중요한 용어다. 건축에서도 도시계획에서도 모든 것이 동선이다.

주택이란 무엇을 위해 존재할까? 사람이 들어온다, 사람이 질서 정연한 기능을 실현한다, 노동자 주택, 빌라 주택, 국제연맹회관, 모스크바의 센트로소유즈궁Centrosoyuz building in Moscow, 세계 도시, 파리 계획, 모든 것은 순환이다."[75] 이처럼 건축의 순환은 근대건축이 처음 고안한 것이 아니라, 근대라는 시대가 필요로 하는 동선의 개념을 새롭게 해석하고 강조한 것일 뿐이다.

　　미국 건축가이자 대학에서 건축을 가르치는 프랜시스 칭 Francis D.K. Ching은 '순환'을 '공간을 지나는 움직임movement through space'이라고 짧게 정의했다.[76] 특히 순환의 경로는 사람들이 어떤 장소를 지나거나 그 주변을 돌 때 취하는 경로이며, 건물과 건물, 방과 방 등 사람이 필요로 하는 공간 사이를 이어주는 것을 말한다. 또한 순환은 움직이는 사람의 몸이 건물을 3차원적으로 경험하는 것을 말한다.

　　그는 순환 경로circulation paths를 이렇게 설명했다. "어떤 건물에서 여러 공간을 연결하거나 또는 일련의 내부 공간이나 외부 공간을 연결하는 지각의 실처럼 생각될 수 있다. 사람은 시간 속에서 공간의 시퀀스를 통해 움직이기 때문에, 우리가 있던 곳과 우리가 가려는 곳과 관련해 공간을 경험한다." 요약하면 순환은 공간을 연결하며 이곳에서 저곳으로 이동하는 지각과 경험의 문제다.

　　칭은 순환의 요소를 다음과 같이 다섯 가지로 나누어 설명하고 있다. 건물 접근the building approach, 건물 입구the building entrance, 경로의 배열configuration of the path, 경로·공간의 관계path-space relationships, 순환 공간의 형태form of the circulation space. 여기서 '경로의 배열'이란 선형, 방사형, 나선형, 격자형, 네트워크형, 복합형 등 공간의 조직과 같은 것을 말한다. 굳이 순환의 요소라고 분류할 필요가 있을까 하는 생각도 들지만, 순환이 동선과 같은 개념이라면 이렇게 나뉘지도 않을 것이다.

　　그가 말하는 이 다섯 가지 요소는 경로의 형상에 따라 건물 전체가 어떻게 배열되어 있으며, 그 경로를 지나면서 공간이 구체적으로 어떻게 연결되는지 그리고 순환이 공간을 어떻게 만드는

가를 기준으로 구분한 것이다. 그중에서도 '경로·공간의 관계'는 다시 세 가지로 정리된다.

①   경로가 공간 옆을 지나는가? 경로는 가장자리edge에 붙어서
     공간을 통합하며 이로써 배열에 유동성이 생긴다.
②   공간을 꿰뚫고 지나가는가? 경로 안에 멈춤과 운동의
     패턴이 생기는데, 이것이 결절점nodes을 만든다.
③   공간 안에서 목표점terminal이 되는가? 기능적으로나
     상징적으로 중요한 목표를 향해 접근한다.

흐름

순환은 건축을 별개의 시스템으로 나타낸다는 점에서는 정확하지만, 반대로 어떤 것이 그 시스템 주위를 흐르는가에 대해서는 모호한 개념이다. 파울 프랑클은 『건축 형태의 원리』에서 '흐름flow'이라는 용어를 사용했다.

"비종교건축은 건물 끝에서 끝까지, 지하실에서 지붕까지 걸어보고, 튀어나온 날개 부분이라면 모두 철저하게 다녀본 다음에야 전체적으로 이해할 수 있다. 입구나 중정, 계단과 각 층의 복도는 인체의 혈관과 같다. 즉 이같은 요소들은 하나의 건물 안에서 맥박 치며 움직이는 동맥인 것이다. 이 요소들은 일정한 순환을 형성하여 개별적인 방과 침실, 작은 방이나 로지로 이어주는 통로이다. 집이라는 유기체the organism of the house는 동맥의 순환 방향이 정해주는 곳까지만 뻗어나갈 수 있다."[77]

인용문에서 비종교건축을 언급하는 이유는 프랑클이 책에서 공간 형태의 앞부분은 종교건축을 동시에 파악할 수 있는 존재 형태라는 관점에서 다루고 있지만, 그 다음은 비종교건축을 시간의 흐름에 따라 파악되는 지각 형태의 관점에서 다루기 때문이다. 아무튼 건물을 다 알려면 속속들이 다녀보아야 한다는 뜻이지만, 아마도 이는 불가능하다. 건물을 설계하고 시공한 사람들조차도 그 건물에 대해 전부 알지는 못하므로, 아무리 열심히 둘

러본다고 해도 엄밀한 의미에서 건물 전체를 모두 파악할 수는 없다. 이 문장에서 알 수 있듯이 그가 말하는 흐름은 사람들이 목적을 가지고 움직이는 것과 공간을 경험하는 것, 둘 다이다.

그 다음에 입구, 중정, 계단, 계단에서 복도라는 건축 요소는 모두 사람이 움직일 때 쓰인다. 건축에서는 인체의 혈관에 비유하여 통로passage라고 부른다. 건축가는 건축 요소를 말하고 다루고 설계할 때, 본래의 뜻으로 돌아가 처음부터 생각할 수 있어야 한다. 건축은 이런 유추를 통해서 본질에 가까워진다.

이 요소들이 방과 방을 연결하며 일정한 순환 구도를 형성하는 것은 순환에 방의 배열이 포함된다는 뜻이다. 더구나 이런 요소들은 "건물 안에서 맥박 치며 움직이는 동맥"이므로, 건물에 활기와 생동감을 부여한다. 방과 방을 이어주는 통로는 동선처럼 짧게 효율적으로 만들어야 하는 것이 아니다. 물론 짧게 효율적으로 배열해야 할 경우도 있다. 그러나 그것이 과학적이며 경제적이라는 이유로 원리처럼 강조되어서는 안 된다. 동선은 건물의 동맥이 될 수 없다. 또 집이라는 유기체가 "순환의 방향이 정해주는 곳까지만 뻗어나갈 수 있다."는 것은 순환이 방과 방을 이어주는 소극적인 역할만 있는 것이 아니라, 순환 자체가 공간을 형성한다는 뜻이다.

순환 공간
순환 공간의 형식

칭이 말한 '순환 공간의 형태'[78]는 용어의 표현이 흥미롭다. 먼저 순환은 공간space을 가질 수 있고 순환 공간circulation space은 형태나 형식form을 따로 가질 수 있다는 뜻이다. 순환 공간은 어떤 건물을 통합하는 부분이 되고 중요한 공간을 점하게 된다. 단지 기능을 잇는 장치라면 순환 공간은 복도와 같은 공간이 될 것이다. 그런데 사람은 경로를 따라 산책하듯이 거닐고 잠시 멈추어 쉬거나 조망하기도 한다. 이러한 사람의 움직임을 어떻게 받아들이는가에 따라 순환 공간의 형태와 스케일이 정해진다. 따라서 순환 공간을 만들고자 한다면 사람이 어떻게 움직일 것인가를 먼저 잘 생각해보라.

그렇다면 어떤 공간을 움직이게 할 것인가, 바로 '순환 공간의 형태'다. 세 가지 형식이 있다. 하나는 닫혀 있어서, 벽으로 한정된 입구를 지나 공간으로 연결되는 복도 같은 공간이다. 이때는 계속 앞으로 나아가기를 재촉한다. 두 번째는 한쪽이 막혀 있고 다른 한쪽이 개방되어 조금 더 많은 움직임을 수용하거나, 도중에 잠시 멈출 곳, 쉴 곳, 바라볼 곳을 둔 공간이다.

그러면 지나가게 될 곳을 시각적으로나 공간적으로 묶어내고, 옆의 공간이나 바깥 공간도 함께 체험할 수 있다. 세 번째는 순환하게 될 곳이 넓어서 경로가 일정한 형태나 목표를 갖지 않으며, 안에서 일어나는 여러 행위로 결정되는 공간이다. 가장 간단한 순환 공간은 대부분 계단을 중심으로 만들어진다. 이런 설명만으로는 구체적인 모습이나 느낌이 잘 안 떠오를 수 있다. 도시를 거닐면서 건물을 경험할 때 늘 이 세 가지 순환 공간을 대입하며 해석해보라.

순환은 설계의 핵심

바티칸의 성 베드로 대성전Basilica di San Pietro과 사도궁Palazzo Apostolico을 연결하는 부분에 터널 모양의 계단이 있다. 바로 스칼라 레지아Scala Regia, 왕의 계단이다. 이 계단은 교황이 미사를 집전하기 위해 성전에 가려면 반드시 지나야 했는데, 길고 어둡고 추하며 잘 보이지 않았다. 얼마나 음울한 계단이었는지 교황 알렉산데르 7세Papa Alessandro VII는 매일 지나야 하는 이 계단을 '예수가 십자가에 못 박힌 갈보리 언덕', 즉 골고타Gologtha, 라틴어로 Calvary라고 부를 정도였다.

이에 조각가이자 건축가인 조반니 로렌초 베르니니Giovanni Lorenzo Bernini가 스칼라 레지아를 재건하는 작업에 착수했다. 그는 동굴처럼 보이는 천장의 모습을 버리고 터널 전체에 볼트를 얹고, 벽에는 올라갈수록 좁아지는 이오니아식 원기둥으로 투시도적인 착시 효과를 주었다. 그리고 계단참 위로 빛이 들어오게 했다. 스칼라 레지아는 이러한 개수 과정을 거쳐 오늘의 장대한 순환 공간으로 다시 태어났다.

순환은 설계에서 가장 큰 영향을 미치는 구성 요소이며, 그 자체가 중요한 조형적 요인이 된다. 이는 공간이 완성되기 전에 먼저 계단을 통해 서로 다른 레벨을 잇는 공간의 운동을 경험하게 해준다. 르네상스 시대부터 성, 궁정, 문화 시설에 설치된 계단이 대표적인 건축 작품으로 주목을 받았다면, 오늘날에는 1900년 파리 만국박람회에서 처음으로 '움직이는 보도moving sidewalk'가 건물 벽면에 부착되기에 이르렀다. 이제는 이동 시스템이 건축물을 바꾸고 있다. 에스컬레이터를 건물 외부에 노출시킨 퐁피두센터 Centre Georges Pompidou와, 밝은 색 표면으로 덮인 외부 동선이 건물의 파사드를 결정한, '패션 디자인 도시Cité de la Mode et du Design'라는 이름의 문화센터가 그것이다.

장대한 계단을 중심으로 한 순환 공간을 말할 때 제일 먼저 등장하는 것이 샤를 가르니에Charles Garnier의 오페라 가르니에Palais Garnier 계단이다. 이 계단은 그야말로 아름다움의 극치다. 아돌프 히틀러Adolf Hitler도 "오페라 가르니에 계단은 세상에서 최고로 아름답지. 화려한 드레스를 입은 숙녀들과 유니폼을 입은 남자들이 줄지어 내려오는 장면을 상상해봐. 이봐, 슈페어 선생, 우리도 그런 걸 지어야 한다고."[79]라고 말할 정도로 화려하다.

이 계단은 오페라 가르니에로 이어지는 여러 순환 중 하나라는 점에서 중요하다. 건축가는 표를 가진 사람, 표를 갖지 않은 사람, 마차를 타고 오는 사람이나 걸어오는 사람 등 다양한 유형의 방문자들이 모두 즐길 수 있는 공간을 원했다. 그리고 편리하게 건물 모든 부분을 경험할 수 있기를 바랐다. 그가 구현하고자 한 것이 동시적인 순환 형태다.

이곳에서 펼쳐지는 진짜 '드라마'는 극장 안이 아니라 주계단실에서 시작된다. 홀에는 원기둥 사이에 거울이 있는데, 장대한 계단에 오르기 전 사람들이 화려한 옷과 보석을 매만지는 장소다. 주계단 주위는 로비, 복도, 홀이 열려 있어서 관람자의 다양한 행동이 연출되는 '극장 앞의 극장'이라고 할 수 있다.

'순환'과 '경사로'라고 하면 르 코르뷔지에의 사보아 주택을 먼저 떠올리지만, 순환을 미술관 건물 전체와 한 몸으로 표현한 것은 역시 프랭크 로이드 라이트의 구겐하임미술관Solomon R. Guggenheim Museum이다. 뉴욕에 있는 이 미술관은 엘리베이터를 타고 제일 위층에 오른 뒤, 나선형 경사로로 서서히 내려오는 구도를 취한다. 이런 순환 방식으로 건물 가운데 빈 공간을 두고 미술 작품과 내부를 오르내리는 관람객의 모습을 함께 바라보게 했다.

한편 영국 건축가 제임스 스털링James Stirling의 올리베티 훈련학교Olivetti Training School 드로잉은 경제성을 이유로 단순한 동선을 중시하던 근대건축과는 다르게, '순환'을 강력한 조형적 요소로 여겼다. 그는 입구에 이르는 가파른 경사로, 또 다른 출발을 위한 경사로와 그 위를 한정하는 불규칙한 파빌리온, 선형의 공간에 흐름을 각층으로 분산시키는 직선 계단과 이를 이어주는 긴 복도 등을 적극적으로 계획해감으로써, 순환 자체가 이 건물 전체를 결정하도록 하였다.

스털링이 설계한 레스터대학교 공학부 건물The University of Leicester's Engineering Building은 두 고층 건물 아래 자리한 강의실이 균형을 이루고 있다. 이곳에는 입구에서 2층 테라스에 이르는 완만한 경사로가 있다. 한편 유리통 속의 수직 나선 계단은 지각한 학생이 강의실 뒤로 들어가는 곳이다. 강의 시간 전에 도착해 여유 있게 테라스로 들어오는 학생들의 속도와, 계단을 급히 뛰어오르는 지각생의 속도가 대비적으로 표현되어 있다.

스털링의 또 다른 작품 노르트라인베스트팔렌 미술관Kunst-sammlung Nordrhein-Westfalen의 현관 파빌리온은 두 가지 동선을 자유 곡선의 벽으로 나누었다. 갤러리에 이르는 순환은 램프와 엘리베이터 타워로 이끌었으며, 원형 중정에 이르는 동선은 외부에서 직접 갤러리 아래층으로 가게 했다. 경사로로 올라온 순환은 다시 특설 전시장으로 이어진다.

그 결과 순환을 분리하면서도, 각 장소에 이르는 공간을 독특하게 만들어낼 수 있었다. 이와 같이 기능이란 고정된 사실이 아니라, '사람의 움직임'으로 재해석하는 것이다. 이때, 순환은 흐름으로 바뀌고 장소를 만드는 요인이 된다.

벤 판 베르켈Ben Van Verkel이 이끄는 UN 스튜디오가 설계한 콘서트홀도 마찬가지다. 오스트리아 그라츠Graz의 음악공연예술대학 음악당MUMUTH, Haus für Musik und Musiktheater은 스파이럴 모양의 계단이 입구 홀을 자유로이 흐르는 듯한 공간을 연출하고 있다. 용도는 계단이지만 단순히 오르내리는 동선만을 잇는 것이 아니다. 위에 있는 강당과 음악실을 잇는 이 계단은 세 레벨로 비틀어 이어지고, 주변의 다른 요소가 회전하는 콘크리트의 구축적인 요소가 되었다. 순환 공간은 파리 오페라 하우스의 계단처럼 건물을 통합하고 주요 공간을 점하는데, 이곳의 홀과 계단도 그 점을 깊이 인식하고 설계한 것이다.

덴마크의 외레스타드고등학교Ørestad Gymnasium•도 주목할 만하다. 이곳은 학교라는 장소를 생각할 때 가장 먼저 떠오르는 교실이 없다. 대신에 네 개의 '학습 존'이 있다. 이곳에는 부메랑처럼 생긴 바닥이 독자적으로 마련돼 있고 카메라 셔터처럼 서로 비껴 있다. 바닥은 지붕 테라스를 향해 넉넉한 나선 계단으로 이어진다. 서로 다른 분야의 공부가 이어지도록 각 영역끼리 물리적으로나 시각적으로 연결시켰다동시적. 앞서 건축 공간에서 경로를 따라 거닐고 멈추고 쉬고 조망한다고 했는데계시적, 이 학교는 멈추는 곳을 학습의 영역으로, 조망하는 곳에서는 다른 분야의 공부가 이어지도록 유기적으로 배치한 것이다.

건축은 순환이다

르 코르뷔지에가 계획한 밀라노의 올리베티 전산센터Olivetti Electronic Calculation Centre는 건물군이 강력한 흐름에 엮여 있고 건물 내부까지 깊숙이 침투해 있다. 이 건물에 대해 건축사 교수 에이드리언 포티Adrian Forty는 순환 시스템이 아니라 호흡respiration 시스템에 더 가깝다고 표현했다. 현대건축의 눈으로 보면 여전히 경계는 굳어 있고 자족적인 볼륨으로 구성되어 있지만, 아마도 이전의 닫힌 건물과 별도로 작동하는 순환 시스템과 비교했을 때, 안과 밖이 더 밀착된 '호흡'에 가깝다고 느꼈기 때문일 것이다.

오늘의 건축은 시설의 의미를 재고하고 다양한 접촉이 가능하도록 순환 시스템을 혁신한다. 또한 순환 공간을 마치 호흡처럼 여기며 해석하고 있다. 슈투트가르트의 메르세데스벤츠뮤지엄 Mercedes Benz Museum은 아홉 개 층에 걸친 전시장에 기둥이 없으며 나선과 램프를 융합시켰다.

구겐하임미술관의 순환 공간도 오늘날의 건축으로 해석할 수 있다. 엘리베이터를 타고 아트리움을 지나 꼭대기까지 올라가 위에서 내려다보면, 뫼비우스의 띠 또는 세 잎 클로버같이 이중 나선형 구조를 따라 아래로 흘러내려 가듯이 두 개의 루트가 이어진다. 하나는 벤츠 자동차의 역사로, 다른 하나는 박물관 소장 자동차와 트럭 전시로 이어지는데, 층의 구분이 없으므로 도중에 다른 경로를 따라갈 수 있다. 동선 자체가 건축 공간이다.

코르뷔지에는 '건축은 순환Architecture is Circulation'이라고 했는데, 이제는 순환이 건축이 되고 있다. 이와 같은 맥락에서 요코하마 오산바시 국제여객선터미널Osanbashi Yokohama International Passenger Terminal은 요코하마 시민에게는 공공 공간이 되고 승객에게는 터미널이 되는 프로그램을 제시했는데, 이를 '니와 미나토庭港'라 불렀다. 이러한 설계 목표에 대해 알레한드로 자에라폴로Alejandro Zaera-Polo와 파시드 무사비Farshid Moussavi가 설계한 당선안은 건물의 순환을 일련의 루프로 해석했다. 각각의 루프는 걷고 움직이는 행위와 머물고 바라보는 움직임을 구별하지 않는다.

그들이 제안한 '순환도'는 건축 계획 교과서에 나오는 동선도와는 달리, 시민이 사용하는 순환 체계와 승객이 사용하는 순환 체계가 얽혀 있으며, 두 그룹의 필요를 결합한다. 따라서 건물 안을 이동하는 경험을 통해 다양한 이벤트가 일어난다. 이 계획안은 사람이 이동함에 따라 주위가 시시각각 어떻게 변하는지 주목하고 있다제시적. 바닥은 경사를 이루며 변화하기 때문에 위치에 대한 감각도 함께 변화한다. 기둥과 벽과 바닥은 구별되지 않으며, 경로는 언제나 움직인 결과로 나타난다.

앞서 말했듯이, 파리 오페라 가르니에는 다양한 유형의 방문자가 도착과 동시에 편리함과 즐거움을 느낄 수 있게 했으며, 그 의도가 계단에서 화려하게 표현되었다. 순환은 건물 내부만이 아니라 건물 밖으로도 이어진다. 건축사무소 SANAA가 설계한 로잔연방공과대학교 롤렉스 학습센터EPFL Rolex Learning Center에서는 캠퍼스의 여러 방향에서 건물 중앙으로 접근할 수 있다. 보통 외부인이 건물 한쪽 끝에서 들어오는데, 이와는 전혀 다른 방식을 취했다. 캠퍼스의 기존 동선을 방해하지 않고, 건물 아래의 오픈 스페이스를 지나 다른 곳으로 갈 수 있다. 건물의 바닥을 들어 올려 사람들은 한가운데 있다. 경사면이나 계단, 비스듬히 올라가는 에스컬레이터 등의 이동수단으로 입구에서부터 완만하게 올라와 2층까지 연속해서 올라가도록 했다.

내부는 산이나 계곡처럼 고저차가 있는 굴곡진 바닥면 전체가 평면적으로 되어 있다. 그 대신 기복이 있는 지형이 거리를 조절하고, 천장과 바닥으로 열리고 닫히는 공간을 만든다. 그리고 기능에 맞추어 경사가 있는 곳에는 계단 교실을, 계곡에는 카페를 두고 머무는 장소를 만들었다. 언덕에 올라가면 시계가 열리고 언덕 맞은편에 다른 학과에서 활동하는 사람들의 모습을 볼 수 있다. 이 건물은 순환이 건축이 된 건물이다. 예전에는 계단 주변의 공간으로 순환 공간을 만들었다면, 이 건물은 순환 전체를 건축화했다. 순환 전체를 건축으로 만들면, 이동할 때 직선이 아닌 곡선을 그리며, 자기가 원하는 곳으로 언제든지 걸어갈 수 있고, 이동할 때 전개되는 공간을 전체적으로 경험할 수 있게 된다.

순환 다이어그램

순환 공간은 순환 다이어그램과 깊은 관계가 있다. 순환의 개념을 설명하려고 다이어그램을 그렸는데, 그 다이어그램이 반대로 순환의 형식을 정하는 경우가 많다. 실제로 짓고자 하는 건물 형식을 구현할 단계가 아닌데 그 속에 이미 잠재력을 가지고 있는 다이어그램의 특성 때문이다.

순환 다이어그램은 프로그램의 해석을 형태의 개념으로 이전하기 위해 중간 단계에서 가시화한다. 특히 벤 판 베르켈이 1997년에 설계한 '뫼비우스 하우스Möbius House'는 두 개의 선이 꼬여 있는 뫼비우스의 띠와 같은 다이어그램을 그렸다. 뫼비우스의 띠는 긴 테이프를 한 번 꼬아서 양끝을 붙여 만든 곡면이다. 뫼비우스 하우스 역시 띠처럼 만들어진 2차원 공간에서 한 바퀴 돌아 다시 제자리에 오면 처음과는 좌우가 바뀐다는 생각에서 출발했다. 이 주택은 두 사람이 같은 집에 살면서 각자의 경로를 따라 공간을 점유하며 움직이다가, 특정한 지점에서만 공간을 공유하고, 다시 어떤 지점에서는 반대로 생활한다. A는 작업하다가 잠을 자고 다시 일하다가 거실에 가는데, B는 거실에 가 있다가 일을 하러 자기 방에 들어간다는 식이다.

베르켈은 이러한 생활 패턴을 시간대별로 나열하면서 뫼비우스의 띠와 같은 배열로 해결된다고 여겼다. 우연한 기회에 뫼비우스의 띠를 먼저 보고 두 사람의 생활을 고의로 이렇게 배분할 수는 없기 때문이다. "뫼비우스의 수학적 모델을 문자 그대로 건물로 옮긴 것이 아니고, 개념과 주제로 삼은 것이다. 뫼비우스의 띠는 빛, 계단, 집 안에서 지나가는 경로와 같은 건축적인 구성 요소 안에서 찾아볼 수 있다."[80]

그의 말에 따라 생각해보면 두 사람이 요구하는 생활의 순환은 이미 먼저 있었다. 그리고 이것을 도형으로 표현하면 뫼비우스의 띠와 유사해진다. 이를 바탕으로 그린 다이어그램은 실재하는 주택을 푸는 실마리가 된다. 주택의 빛, 계단, 경로 등을 해결하는 것이다. 다이어그램은 주어진 문제를 푸는 개념인 동시에 실제 사이에 있는 매개물이다. 따라서 순환 다이어그램은 실제 건물 속에서 반쯤 구체화될 수 있다.

순환 다이어그램은 순환의 종류를 보여주는 데도 유용하다.

베르켈의 발크호프 미술관Museum Het Valkhof에서는 생길 수 있는 모든 동선을 설정하고, 이에 근거하여 중앙에 있는 전시실 벽에 슬라이딩 도어를 두어 개폐할 때마다 가능해지는 순환의 방식을 모두 나열하였다. 이는 주어진 순로를 정하고 그에 따라 방을 배열하는 것이 아니라, 아예 박물관을 방문하는 모든 사람이 선택하는 루트를 발견하는 방식으로 평면을 계획했다. 이때 순환의 다이어그램은 물리적으로 정해진 건축 평면과 가능한 한 다양한 전시의 방법을 이어주는 매개체 역할을 한다.

경로의 방식은 전시실 면적을 어떻게 배분하는가와 연관된다. 이 미술관은 긴 방향으로 좁고 긴 띠 다섯 개를 주고 그 안을 다시 작은 전시실로 나누었다. 때문에 작은 경로를 가진 전시실을 두면 여러 주제의 전시를 동시에 열 수 있다. 전시장 전체에 걸쳐 경로를 설정하면 사용하는 면적을 합리적으로 배분할 수 있을뿐더러, 변화하는 주제와 전시물에 쉽게 대응할 수 있다. 이때 파동하는 천장으로 바닥의 움직임에 대응하게 했다. 순환의 방식에 따라 사람들이 많이 모이는 부분에는 더 많은 파동면을 주고, 빈도가 떨어지는 곳에서는 파동면을 줄였다. 이는 기존의 건축계획 교과서에서 다루던 미술관 설명에는 없는 내용이다.

순환 다이어그램은 이동하면서 기능을 선택하는 방식을 동시에 보여준다. 스위스 건축가이자 평론가인 베르나르 추미Bernard Tschumi가 설계한 러너 홀 학생회관Lerner Hall Student Center은 높이가 다른 두 전통적인 건물이 연속적으로 순환하도록 경사로로 이은 건물이다. 순환 다이어그램에는 이질적인 용도가 있는 두 건물을 외부 경사로outdoor ramp와 내부 경사로indoor ramp라는 이중의 경사로로 연결하여 행위의 경계를 모호하게 하겠다는 의도가 그려져 있다. 건물 전체를 잇는 경사로는 어디에서나 출발점과 목적점을 자유로이 이을 수 있음도 나타내고 있다.

경사로에는 사람들이 모일 수 있는 공간이 있고, 순환 경로에도 다른 기능이 중첩되어 있다. 건물 안에서 일어나는 운동이 공간 전체를 결정하고 있다. 그 결과 '허브'라고 부르는 이 주요 순환 시스템은 학생들이 필요로 하는 여러 시설을 이용하면서 다양한 행위가 일어날 수 있게 했다. 이 시스템은 그 자체가 이벤트 공간이며 유연한 커뮤니케이션의 공간이 된다. 추미는 이를 두고 "운동이 공간을 정의한다.Movement is what defines space."고 했는데, 마찬가지로 운동의 체계에 대한 생각을 요약하는 "순환 다이어그램은 공간을 정의한다."고 할 수 있다.

순환 다이어그램은 극대화한 합리성을 검증하고 이를 실제로 만드는 과정에 적극 개입한다. 건축사무소 FOA가 설계한 다운스뷰 파크Downsview Park 계획안은 요코하마 오산바시 국제여객선 터미널과 같은 회로 순환 다이어그램을 사용하여 검토했다. 이 계획은 전기 회로에서 쓰이는 순환 다이어그램으로 행위가 일어나는 곳, 배수 시스템, 식생植生, 바람의 패턴, 해의 경로를 현재 지형과 중재하는 데 사용했다.[81]

이 공원을 사용하는 방식은 걷기, 달리기, 자전거 타기, 크로스컨트리 스키Cross-country Ski로 나누었는데, 운동 자체가 긴 순환을 요구하고 있다. 이에 각각의 운동에 적합한 물매, 즉 수평을 기준으로 한 경사도와 길이를 따져서 거리를 생성하는 다이어그램을 작성하고, 이를 기본으로 적합한 거리를 찾아갔다. 그리고 보행 시스템, 달리기 시스템, 자전거 타기 시스템 등을 실제의 대지에 옮겼다. 서로 다른 지표면에서 일어나는 행위는 인접하고 교차하고 중첩하면서 일어나는 것으로 보고, 대지 전체를 큰 손상 없이 여러 선들의 흐름으로 구성했다.

이러한 순환 다이어그램에 주어진 지형의 물매와 거리를 대입하고 다시 도식화했다. 그 다음 이것에 달리거나 자전거 타기 등 운동에 필요한 물매와 거리 조건을 겹치면서, 땅을 각각의 조건에 맞도록 다시 조정했다. 그래서 각각의 운동에 적절한 '생성 회로 다이어그램generating diagram for circuits'과 그것에 필요하여 생기는 다이어그램인 '거리 생성 다이어그램distances generative diagram' '물매 생성 다이어그램slopes generative diagram'을 작성했다.

길과 흐름의 건축
길은 모체다

요르단에 있는 패트라Petra는 긴 길이 생기고 나서 만들어진 도시다. 과거에는 황무지였는데 언젠가부터 향신료와 같은 귀한 물건을 취급하는 행상이 오가는 길이 났다. 그러자 금세 또 다른 길이 이 장소를 지나가게 되었다. 길이 도시를 만든 것이다. 그런데 물건을 사고 파는 상인의 발걸음이 사라지자 번창하던 도시는 쇠락하였고, 결국 폐허가 되었다. 사람이 오가는 '길'이 사라지면 진정한 의미의 도시도 사라지게 되어 있다.

"길은 건물이 되고 싶어 한다.A street wants to be a building." 건축가 루이스 칸의 말이다. 저술가 버나드 루도프스키Bernard Rudofsky도 『인간을 위한 가로Streets for People』라는 책에서 이와 비슷하게 "길은 아무것도 없는 장소로는 존재할 수 없다. 주위 환경과는 끊어질 수가 없는 것이다. 다시 말해 길은 그곳에 늘어선 건물의 동반자다. 길은 모체다."[82]라고 말했다.

마을 안에 길이 하나 났다. 그러자 사람들은 직접 캔 나물, 집에서 만든 연장 같은 것을 팔기 위해 길가에 물건을 펴놓았다. 그러다가 햇빛과 비를 막고 물건을 팔 수 있는 공간이 필요하다고 생각한 어떤 사람들이 아예 원두막 같은 것을 짓게 되었다. 이 원두막 같은 것이 앞길에 빼곡히 들어서자 다른 사람들은 그 뒤에 길 하나를 더 내어 장사를 했다. 건물은 본래 길에서 시작되었으며 길의 일부였다. 정리하면, 길이 먼저 있었고 그 다음에 그곳에서의 교류 행위가 '건물'을 만들어냈다.

비바람을 막기 위해 지은 주택 형태를 제외하고는 건물 대부분이 사람과 사람 사이의 관계를 위해 만들어졌다. 그런데 이러한 관계는 사람들이 움직이고 돌아다니는 것에서 시작하였으므로, 그 관계는 '길'에서 시작했다고 말할 수 있다. 길은 건물보다 먼저 생겨나 사람의 말과 행위를 담았고, 또 관계를 이어주었다. 사람들은 길에서 물건을 파는 것은 물론이고, 노래하고 춤추고 토론하고 가르치며 문화를 형성해갔다.

도시의 방이라고 할 수 있는 길에는 사람이 모여든다. 사람이 모여 걷는 길이 어떤 것인지를 가장 잘 나타내는 사진은 아마도 루도프스키의 책에 실린 사진일 것이다. 이 사진이 흥미로운 이유는 그저 사람이 길에 많이 나와있기 때문만은 아니다. 자세히 보면 두세 명이 모여 이야기를 나누는 모습이 참 많이 눈에 띈다. 걷는 사람보다 길 위에서 이야기를 하는 사람이 훨씬 더 많다. 마치 기다랗고 작은 광장 같다. 이처럼 길이라는 것은 어딘가를 가기 위해 지나가는 곳이지만, 지나는 가운데 사람을 만나고 교류하는 인간적인 장소가 된다.

사람들은 길 위에서 벌어지는 행위를 지속할 수 있도록 장소를 정하고, 그 위에 지붕을 덮어서 상점, 공연장, 토론장 그리고 학교 등의 시설을 건물이라는 구조물로 만들었다. 따라서 건물은 건물이 되기 이전에 길이었고, 건물은 길과 분절된 것이 아니었다.

루이스 칸의 말처럼 "길은 건물이 되고 싶어 한다."는 것은 이미 오래전부터 있었다. 고대 그리스나 고대 로마만이 아니라 르네상스 이후 바로크 건축에서도 '열주랑'이라고 해석되는 콜로네이드colonnade가 다양하게 사용되었다. 길로 보면 닫혀 있고, 건물로 보면 열려 있다고 할 수 있는 서로 다른 두 가지 성질을 가진 것이었다. 이 열주랑은 사람이 쉬고 모이고 물건도 파는 공간이었다. 이탈리아 대학의 발상지인 볼로냐에서는 계속되는 길 위에 지붕을 쭉 얹어서 건물과 도시를 이어주고 있는 모습을 볼 수 있다. 이것을 '포르티치portici'라고 부른다.

미코노스섬Mykonos에 가면 긴 골목을 두고 좌우에 주택이 늘어서 있다. 건물에는 2층으로 올라가는 계단이 바깥 벽면에 붙어 있다. 이렇게 하면 2층에 사는 사람도 골목에서 직접 드나들 수 있다. 미코노스의 팔키아Palkia라는 마을에서 임의로 선택한 건물과 길의 관계를 도면83으로 읽어보면, 사람이 움직이는 길을 시작과 연결, 기대감으로 잘 나타내고 있다.

어부들의 집 사이에 난 길을 따라 물 흐르듯 걸어가면 작은 식당과 가게 옆을 지나게 된다. 길의 형상은 사람들의 생활을 담고 건물 내부로 깊숙이 이끈다. 길에 난 계단은 2층집으로 이어져 있는데 이 집의 방이 저 집의 일부가 되고 몇 집이 마치 한 집처럼 보인다. 도면 한가운데 있는 식당은 문을 열고 안으로 들어간 곳에 자리를 잡고 있다.

벽면의 종류와 넓이에 맞추어 식탁을 배열하면서도 사람의 흐름은 유연하게 안쪽으로 침투해 들어간다. 사람의 움직임은 걷고 있는 길과 떨어지지 않은 채, 이웃하는 길과 호흡하며 운동을 그대로 조형한다. 길은 길이 아니고 어떤 주택의 복도 같은 역할을 한다. 이런 의미를 잘 나타내는 것은 평면에 있는 그대로 그려진 가구다. 가구를 그리니 생활이 표현되고, 생활이 표현되니 길이 집의 일부가 된다. 그리고 이 집과 저 집의 방들이 한 가족이 사는 주택처럼 느껴진다.

흐름 안의 건축

앞서 말했듯이 건축에서 운동은 기본적으로 목표가 있으며, 그것을 향해 나아가는 진로의 합으로 이루어진다. 그런데 모든 건축이 그렇지는 않다. 진로, 경로, 동선, 순환은 있는데 목적지가 없는 건축물이 '역'이다. 런던의 오래된 패딩턴 역Paddington station에는 1838년부터 열차가 오간다. 옛 건물과 철로 사이는 유리로 덮였고, 그 안에는 기차를 타고 내리고 기다리는 사람들로 가득하다. 물론 반드시 열차를 이용하려는 사람만 오지는 않는다. 길을 가던 사람들도 역 안에 있는 카페를 찾는다. 많은 사람이 오가는 철도역 내부 공간은 그 자체가 생기로 가득 찬 길이다. 집이란 사는 곳이고, 길은 이동을 위한 것이다.

"철도역은 건물이기 이전에 길이 되려고 한다. 철도역은 길을 필요로 하는 데서 자라고, 운동의 질서에서 자란다.Before a railroad station is a building, it wants to be a street. It grows out of the needs of street, out of the order of movement."[84] 루이스 칸의 말이다. 그런데 철도역은 목적지에서 다른 목적지로 이동하기 위한 공간이지 그 자체로 목적지가 아니다. 그러니까 역이야말로 움직임, 순환으로만 이루어진 건물이다. 곧 철도역은 길의 건축이고 동선과 순환만의 건축이다.

칸이 그린 '필라델피아 교통 연구Philadelphia Traffic Study'에는 특이하게도 교통의 움직임, 속도, 관계 등의 요소가 작은 화살표들로 표시되어 있다. 도면도 아니고 드로잉도 아니며, 그렇다고 다이어그램도 아닌 이 지면 위에서는 모든 것이 움직임과 흐름만으로 이루어진다. 그는 무수한 작은 화살표를 통해 도로의 형상이 도시를 만드는 것이 아니라, '흐름'이 도시를 움직이게 하는 것임을 명확하게 드러내고 있다.

이 그림에는 교통의 흐름만이 그려져 있으나, 그 의미를 확대하면 건물 안팎에서의 활동과 그 움직임의 흐름도 이와 같은 방식으로 생각해볼 수 있다. 형상 이전에 '흐름'을 생각하는 과정은 편리하고 효율적인 동선 체계를 잘 정리하는 수준을 뛰어넘는다. 이것은 건축과 도시 안의 움직임 또는 흐름의 근본을 묻고, 건축의 도시화 또는 도시의 건축화를 이루는 방식이다.

편의점은 독자적인 건물에 있는 경우가 아주 드물고, 이미 있는 건물의 한 부분에 끼워 넣어진다plug-in. 편의점이라는 작은 장소는 잠시 들렀다가 지나가는 곳으로, 다고베르트 프라이가 말하는 '목표'가 없는 건축물이다. 앞서 정리한 내용을 참고하면 편의점이 있기 이전에 거대한 유통 시스템이 있음을 알 수 있다. 그리고 그 시스템에는 편의점이 이어져 있다. 루이스 칸 식으로 말하면 이렇게 표현된다. "편의점은 가게이기 이전에 유통 시스템이 되려고 한다. 편의점은 유통 시스템이 필요로 하는 데서 자라고, 흐름의 질서에서 자란다."

길이 먼저 있고, 그 다음에 건물이 생겨서 '길은 건물이 되고 싶어 한다'면, 길과 동선, 순환으로만 조합된 덩어리가 건축의 시작이라는 말이 된다. 그렇다면 기능 공간과 순환 공간을 분절하여 조합하는 것이 능사가 아니라는 점에 착안하게 된다. 길과 동선, 순환은 건물을 만드는 수단이나 2차적인 근거가 아니라, 덩어리가 먼저 있는 상태에서 그 안에 복도를 만들고 방을 배치하고 창을 내어 건물로 만든다는 생각을 할 수 있다.

'건물이 되기 이전에 길'이 있었다는 것은 건물이 되기 전에 순환이 있었다는 뜻이다. 이렇게 보면 철도역은 그야말로 길의 건축이며 순환만을 위한 건축이다. 그리고 길의 건축, 순환의 건축이라는 입장에서 주택, 도서관, 학교 등도 새로이 해석할 수 있다. 이를 통해 경계가 모호한 상황 속에서 유연한 전체를 만들어 가거나, 편의점처럼 도시의 '흐름'에 부응하는 새로운 빌딩 타입을 발견하게 될 것이다.

시퀀스

공간의 시퀀스

사람이 움직이면 사람의 운동은 공간을 분리하기도 하고 연결하기도 한다. 한 시점에서 건물 전체를 지각할 수 있게 하는 것을 '동시적同時的, simultaneous'인 이해라 하고, 그 반대는 사람의 운동으로 공간을 잇달아 지각하는 것을 '공간의 계시적繼時的, successive'인 이해라고 한다.

'계시적인 이해'에는 크게 두 가지가 있다. 하나는 로마 파르네세궁Palazzo Farnese의 벽으로 분리된 계단에서처럼, "한꺼번에 한 층만 관련시켜보기 때문에 그다음 몇 층이 계속 이어지게 될지는 알 수가 없어서 각 층이 하나의 독립된 정지점停止點이 되는 경우와,[85] 뷔르츠부르크 주교관Würzburg Residence 계단처럼 바로크 건물에서 "올라가는 사이에 우리가 보는 것은 공간의 단편이 되는" 경우가 있다. 이는 사람의 운동에 대해 공간이 독립해서 나타나는가, 아니면 전체 속의 단편으로 나타나는가 하는 것의 차이다.

영화에서는 자른 데 없이 연속해서 촬영한 필름을 숏shot이라고 하고, 한 장소에서 일련의 숏을 여러 개 묶은 것을 장면scene이라고 한다. 그리고 그러한 장면들을 묶어서 하나의 이야기로 이어지게 만든 것이 시퀀스다. 시퀀스는 일반적으로는 '연속, 순서'라는 뜻이다. 건축에서도 사람의 움직임에는 시간에 따라 변화하는 공간의 체험 과정이 따르는데, 이를 공간의 시퀀스라고 부른다. 이동함으로써 변화하는 장면, 서서히 변해가는 설계라는 뜻으로 쓰인다. 공간의 시퀀스 때문에 정지한 투시도법의 세계가 생생하게 나타났다가 다시 뒤로 지나간다. 건축에서 '운동'이란 건물의 순환에서 일어나는 여러 '시퀀스'가 결합한 것이다.

담양에 있는 소쇄원瀟灑園은 우리나라의 전통적인 정원의 특징을 잘 보여준다. 서늘한 바람이 나뭇잎에 스치는 소쇄원 입구에 들어서면 울창한 대나무 숲을 지나게 된다. 또 ㄷ자 모양으로 사람의 흐름을 유도하는 단순한 형태의 담도 만난다. 그렇게 대봉대待鳳臺 앞마당에 이르면 담과 계류가 영역을 에워싸며 사람의 움직임을 유도한다.

한편 목적지인 광풍각光風閣과 제월당霽月堂은 계류 반대쪽에 있는데, 이곳에 가려면 계속 오곡문五曲門이 있는 곳까지 걸어들어가야 한다. 그리고 평탄한 담 마당을 지나 광풍각에 도달하려면 나란히 난 축대길을 따라 계정을 바라보며 내려가게 된다. 그만큼 공간에 깊이를 더하고 풍부한 체험이 가능하도록 하기 위함이다. 이렇듯 소쇄원에는 사람이 움직이고 멈춘다. 그리고 멈추는 곳에서 쉬고 방향을 틀고 시선을 바꾸는 다양한 운동 방식이 교차하며 나타난다.

약 3,000년 전에 언덕 위에 세워진 미케네Mycenae의 티린스 성채Citadel of Tiryns*는 소쇄원과 비슷한 데가 있다. 이곳은 강력한 성벽으로 둘러싸여 있다. 도면에서 보면 제일 위에서 내려와 들어가는 경로에서 마지막으로 메가론megaron에 있는 왕의 방에 이르게 된다. 그러려면 아주 두꺼운 벽으로 둘러싸인 좁고 긴 길을 따라 들어와 두 개의 문을 지나야 한다. 그 문을 지나면 길보다는 약간 넓은 중정이 나타나고, 그다음 중정을 잇는 문, 프로필론propylon을 지나게 되어 있다. 이곳을 거치면 그 위로 입구가 있고 왕의 메가론 앞에 놓인 가장 안쪽에서 또 다른 중정이 나타난다. 이 중정까지 지나면 메가론이 나타나는데, 메가론에서도 포치와 대기실을 거쳐야 비로소 왕의 방에 이르게 된다.

이때 움직이는 길을 p, 멈추는 중정을 c, 전이 공간을 (t), 목표를 g 라고 하면, 성채 내부에 있는 티린스궁의 운동 과정은 p-c-(t)-c(t)-c-(t)-g가 된다. 전체적으로 긴 경로이지만, 이 경로에서는 중정과 전이 공간, 곧 멈춤의 공간과 이동의 공간이 되풀이된다. 더욱이 이 경우는 도면에서 보듯이 위에서 아래로 내려와 다시 아래에서 위로 올라가게 함으로써 한정된 대지에서 긴 경험의 장치를 만들어내고 있다. 우리나라의 소쇄원과 미케네의 티린스 성채는 모두 사람의 움직임에 따라 차례차례 다른 모습으로 등장하며 전체 속의 부분을 계시적으로 나타내는 예이다.

이처럼 모든 시퀀스는 마치 소설처럼 시작이 있고 마침이 있다. 이때 마지막에 해당하는 부분은 미적으로 절정을 이루어야 하지만, 기능적으로도 절정을 이루는 것이어야 한다.

안토니오 팔라디오의 레덴토레 교회Il Rendentore는 중심형과 장축형을 합친 곳이다. 입구에서 보면 중심형의 돌출된 부분을 지우고, 제단과 밝은 빛을 받는 열주 뒤에 있는 성가대석으로 시선이 이어짐으로써 강한 축성軸性이 생긴다. 미적인 시퀀스의 절정이 기능적인 절정과 일치한 예이다. 그러다가 안으로 들어가면 가려져 있던 수랑이 좌우로 벌어지면서 모습을 드러낸다. 이와 함께 입구에서 느꼈던 공간의 깊이는 서서히 줄어든다. 중심형 공간에 이르면 수평 방향의 공간감이 돔을 향하며 수직 방향으로 바뀐다.

로마에 있는 빌라 줄리아Villa Giulia는 세 개의 중정이 축선상에 놓여 시간적인 관계를 나타내고 있는 걸작이다. 정면에서 보면 그 뒤에 있는 건물 모습도 정면처럼 사각형으로 구성된 듯 보이지만, 입구를 지나 첫 번째 중정에 들어서면 반원의 곡면 벽이 중정 한끝을 둥글게 에워싼다. 그리고 이 반원의 곡면과는 약간 떨어져 중정의 좌우를 막고 있는 벽면 앞에 난 문을 통해 또 다른 중정을 내보이면서 사람들을 안으로 이끈다.

두 번째로 전개되는 이 중정에서는 수평적으로 전개되던 이제까지의 방향을 역전시킨다. 좌우로 벌어진 곡선 계단을 타고 내려가면 물이 고인 님페움nymphæum으로 이어진다. 내려간 사람들은 정사각형의 세 번째 정원에 이르기 위해 아주 작은 원형 계단을 따라 다시 올라와야 한다. 최종적인 도달점은 벽에 붙여 놓은 작은 조각상이다. 마지막 시선은 이 조상彫像에 집중된다.

빌라 줄리아에서는 사람의 움직임이 각각 '인공적인 중정' '신화적인 중정' '자연적인 중정'이라는 세 개의 중정을 연결하고 있다. 또한 사람의 발걸음은 수평으로 움직이다가 수직으로 깊이를 느끼며, 다시 중심을 향해 집중해 움직이게 된다. 움직임과 공간과 형태 그리고 의미가 독립적인 부분을 이루고 전체의 상像을 파악하게 한다. 이 세 개의 중정은 면으로 둘러싸인 공간이 아니라, 영화의 한 숏 또는 한 장면처럼 서로 이어져 전체적으로는 하나의 연속된 사진으로 파악되기도 한다.

이와 같은 운동의 형식은 당연히 현대건축에서도 효과적으로 나타난다. 헬싱키 근교에 있는 과학단지에 위치한 오타니에미 교회Otaniemi Church는 이런 운동 형식에 근거한 훌륭한 건물이다. 건축가 부부인 카이자 시렌과 히에키 시렌Kaija + Hiekki Siren이 1957년에 설계한 이곳은 알토대학교Aalto University 캠퍼스 안에 있다. 교회는 숲속에 자리 잡고 있으며, 전체적으로 평행한 두 개의 벽면으로 구성되어 있다. 전체 공간은 크게 다섯 군데로 나뉜다.

첫 번째 공간은 오솔길이다. 여기에서 교회의 긴 벽면을 바라보게 되어 있다. 길에서 교회의 영역으로 들어오면 왼쪽에는 목재 스크린 벽이 운동의 방향을 암시하는데, 이 중정 마당에는 높은 종탑이 서 있다. 종탑은 들어가는 통로를 한정하면서 시선이 마주보는 숲을 향하게 한다. 교회에 들어서면 클럽 룸이 있어서 학생들은 금방 교회로 들어오지 않아도 된다. 이 클럽 룸은 회중석nave을 확장하는 역할도 하지만, 들어오는 움직임에 대해 통로를 좁히는 역할도 한다.

이곳을 지나면 높은 지붕 뒤편에서 빛이 비추는 예배 공간에 이른다. 마지막 공간은 벽의 폭 전체를 유리창으로 막아서 볼 수는 있으나 들어갈 수 없는 자연의 공간이다. 이곳은 십자가가 건물 밖 자연에 놓여 있어서 예배당 전체 공간을 확장할 뿐 아니라, 운동의 깊이를 더하고 신성한 의미를 고조시킨다. 그리고 통로 끝에 붙어 있는 제구실祭具室은 회중석에 대응하는 자연의 크기와, 통로가 이끌어주던 앞마당의 자연을 구분하고 있다. 자연으로 들어와 응시하고, 작은 입구에서 다시금 넓은 자연으로 확산시키는 이 교회의 구성은 사람의 운동이 없으면 결코 얻어질 수 없는 체험 그 자체다.

이 교회에서 볼 수 있듯이, 건축에서의 운동은 단순히 공간에서 움직이며 다채로운 건축적 현상을 드러내기 위함이 아니다. 인간의 경험과 그 경험에서 드러나는 건물의 의미가 함께 전개되는 것이다. 좁고 긴 접근 공간, 몸의 방향과 시선의 방향의 분리, 낮고 좁은 공간에서 준비 공간의 분리, 밝은 공간의 출현, 정신적인 의미의 자연 등이 한 편의 드라마처럼 연결되어 있다. 이 연결성이 건축 공간을 구성하는 골자가 된다.

숲속에 들어와 인간의 공간과 신의 공간 사이를 지나고 머무르는 일련의 과정은 종교적 시설이 지녀야 할 건축적 의미다. 그리고 공간 속의 운동은 이러한 의미를 차례차례 읽기 위한 독해다. 이처럼 건축은 그 자리에 서 있는데, 공간을 움직이는 사람의 운동이 다양한 공간을 연결하고 건물의 의미를 추출해낸다.

마드리드의 티센보르네미사 미술관Museo Nacional Thyssen-Bornemisza이 지금의 모습을 갖추기 전에 제임스 스털링과 마이클 윌포드Michael Wilford가 제안한 계획안이 있었다. 스털링은 건물 전체를 관통하는 산책로를 액소노메트릭으로 구성했다. 이러한 구성은 움직이고 멈추고 가로막기도 하며 사람의 움직임을 직접 받아들이고 여러 기능을 해결했다.

이 미술관 계획에서는 두 개의 원형 공간이 각각 배를 타고 들어오는 동선과, 이웃하는 건물에서 오는 동선의 변화를 의도했다. 이웃하는 건물에서는 점진적으로 내려오는 움직임을, 강가 쪽에서는 점진적으로 상승하는 움직임이 고조되도록 배려했다. 그 결과 사람의 '흐름'은 분절되고 연결되며, 방향감을 강조하거나 반전하는 등 흐름에 수많은 경계면을 만들어낸다.

건축에서 '운동'은 결코 아름다운 건물을 만들기 위해 미학적으로 조작된 개념이 아니다. 기능을 인간의 삶으로 더욱 폭넓게 해석하고, 이를 다시 시간의 경험으로 바꾸는 개념이다. 특히 오랫동안 시간과 건물이 누적된 마을에서는 집과 길이 실타래처럼 엉켜 진정한 의미의 소박한 운동을 나타내는 경우가 많다.

이런 마을의 길을 지나면, 방향을 바꿀 때마다 다양한 장면이 나타나게 된다는 것을 읽어낼 수 있다. 우리가 인간의 생활과 장면의 시퀀스로 건축의 '운동'을 생각해야 하는 더 근본적인 이유는 바로 여기에 있다.

포세와 마르세

대칭 구성에서도 사람이 이동할 수 있는 순환 공간의 공간적인 축선과 구성상의 축선을 완전히 일치시킬 것인지, 아니면 이 두 축선을 의도적으로 어긋나게 할 것인지에 따라 건물 분위기와 체험 방식이 크게 달라진다.

오페라 가르니에는 공간의 축과 구성의 축이 거의 일치해서 매우 극적이고 장대한 공간을 체험하게 해준다. 그러나 공간의 축과 구성의 축이 일치하더라도 피셔 폰 에를라흐Johann Bernhard Fischer von Erlach의 성 카를 보로모이스 성당Kirche St. Karl Borromäus처럼 계속해서 나타나는 공간의 형상이나 크기가 다른 경우에는 변화가 풍부한 공간을 체험할 수 있다.

그리스도교 성당의 바실리카 평면도 문에서 앞마당을 지나 내부로 들어가는 층으로 구성되어 있다. 내부에서도 나르텍스narthex를 지나 회중석을 거쳐 제단으로 향하는 경로는 공간적인 축선과 구성상의 축선이 일치된 것이다. 이곳이 우리가 사는 세상을 지나 하늘나라로 향하는 점증하는 노정路程을 건축적 운동으로 표현했음은 잘 알려진 사실이다.

근대건축이 맹렬히 비판했던 에콜 데 보자르École des Beaux-arts는 설계 방식에서 파르티parti와 구성composition pur을 가장 중요하게 여겼다. 파르티는 어떤 건물의 목적이 지녀야 할 본질적인 개

넘을 결정하는 일인데, 이것을 지배적인 볼륨으로 표현하도록 가르쳤다. 이에 대해 구성은 현관이나 복도 등 사람을 여러 부분의 상관관계에서 이끌어주는 순환 체계를 만드는 것이다.

에콜 드 보자르에서는 파르티와 동선의 체계 등 두 가지가 통합되면 연속하는 장면이 얻어진다고 보았다. 이와 함께 보자르의 또 다른 설계 개념으로는 포셰poche와 마르셰marche가 있었다. 포셰란 사람이 건물 안을 움직일 때 파르티의 개념을 담는, 기하학적으로 이용할 수 있는 구조 벽의 형태를 말한다. 또한 마르셰는 시간의 흐름에 따라 공간을 경험하는 것을 말한다. 포셰가 지배적인 볼륨과 구성의 축선과 관계가 있다면, 마르셰는 공간적인 축선과 관계가 있다.

마르셰는 본래 군대의 행진처럼 어떤 방향을 향해서 앞으로 나아가는 행동을 뜻하는데, 시나 소설과 같은 문학 작품을 비롯해 음악이나 체스 게임, 회화 등에서 어떤 질서를 가지고 전개하는 방식으로 쓰였다. 그러다가 건축에서 사람의 움직임에 따라 전개되는 양상을 뜻하는 용어가 되었다.

에콜 데 보자르에서는 일찍이 건축적인 효과가 건물 안에서 얻을 수 있는 특별한 경험이라고 보았다.[86] 관찰자가 공간 안에서 움직이면 내부는 기둥의 프레임 효과 등으로 장면의 변화를 느끼게 되는데, 이 장면을 타블로tableaux라고 불렀다. 시퀀스로 말하자면 '장면'이다. 이런 현상은 풍경이나 건물의 픽처레스크한 구성에도 응용되었다.

루이스 칸의 스승이자 에콜 데 보자르에서 수학한 폴 크레Paul Cret가 설계한 필라델피아의 '로댕 미술관Rodin Museum'은 마르셰 개념을 충실하게 따라 순환과 시퀀스를 통합한 예이다. 먼저 이 건물의 파르티는 큰길에서 학문의 세계를 지키는 동시에 큰길에 대해 그 존재를 분명히 하는 것이었다. 이를 위해 정원 깊은 곳에 갤러리를 두고 길가에 열린 스크린을 세웠다. 이때 스크린의 원기둥 두 개는 그 뒤에 있는 건물의 존재를 알리기 위한 장치였다.

첫 번째 장면에서는 〈생각하는 사람Le Penseur〉과 그 뒤에 둔

스크린이 로댕의 스튜디오를 연상하게 한다. 두 번째 장면에서는 갤러리 파사드에 〈지옥의 문La Porte de l'Enfer〉을 둘러싼 포르티코portico를 두어, 지옥의 문이 갤러리의 단편이었음을 말해준다.

그리고 세 번째 장면에서는 크고 높은 홀이 빛을 받고 있다. 그 안에 있는 〈칼레의 시민The Burghers of Calais〉과 한쪽 정원에 있는 또 다른 '칼레의 시민'이 배치되어 조각의 의미를 결합하고 있다. 이처럼 보자르의 포셰나 마르셰는 사람의 이동 경로를 따라 건물의 성격과 의미를 일련의 장면으로 표현했다. 이는 근대건축의 기능주의가 잃어버린 중요한 것이기도 했다.

사건의 시퀀스

베르나르 추미는 『건축과 단절Architecture and Disjunction』에서 시퀀스[87]에 대해 언급했다. 그는 걸으면서 공간을 체험할 때 연속적으로 보이는 장면의 설계인 시퀀스를 세 가지로 나누어 설명한다. 첫 번째는 설계할 때 도면이나 계획안 위에 트레이싱 페이퍼를 올려놓고 본래 주제또는 파르티와 관계된 또 다른 안을 생각하는 것, 그리고 영감이나 전례前例, 관습에 근거하여 진행하는 것이다. 이 과정에서 규칙과 건축 요소가 변화하기 때문에 이를 '변형의 시퀀스transformational sequences'라고 불렀다.

두 번째는 '공간의 시퀀스spatial sequences'다. 앞에서 말했듯이 같이 공통된 축을 따라 실제 공간을 병치하는 것으로, 고정된 지점이 있는 경로를 계획하여 연속적인 운동으로 일련의 지점을 잇는 것이다. 팔라디오가 설계한 빌라 로툰다Villa Rotunda의 홀로 들어가면 공간의 크기가 중간에서 최소로 그리고 다시 최대로 커진다. 이에 반하여 빛은 최대에서 최소로 변하는데, 이것도 공간의 시퀀스가 된다.

세 번째는 그가 새롭게 강조하는 '사건의 시퀀스sequences of events'다. 이는 용도와 행위, 프로그램과 연계된다. 공간 뒤의 공간, 방 뒤의 방, 프레임 뒤의 프레임 등을 따라 사건이 차례로 전개되는 것을 말한다. 사건의 시퀀스는 1851년의 수정궁Crystal Palace처럼 공간의 시퀀스와 서로 무관할 수 있다. 그러나 이 둘은 '살기 위한 기계'처럼 상호의존적이어서, 한 시퀀스가 다른 시퀀스를 강화하는 등 공간 안의 운동이 디자인되고 프로그램될 수 있다. 교실이나 회의실 같은 곳은 사람이 어떤 시간에 무언가를 하도록 '강요'당하는 공간이며, 이런 공간에서는 두 시퀀스가 종종 충돌할 수 있다. 이는 "사건 없는 건축은 없다."고 한 그의 사고를 시퀀스에 적용한 것이기도 하다.

사건의 시퀀스는 물질적인 공간에 주목하기보다 사람들이 그 안에서 어떤 일을 하게 될 것인가를 예측한다. 그리고 동시에 예측할 수 없는 것이 가능하도록 하고 그것이 요구하는 공간을 마련한다. 하지만 한 곳에 계속 머물러 있거나 여러 사람이 함께 사용하지 않고 개인적으로 홀로 사용하는 것에는 이런 우연한 '사건의 시퀀스'가 나타날 가능성이 거의 없다. 많은 사람이 함께 움직이며 사용해야 그 안에서 예측하지 못한 우연한 사건이 건물의 쓰임새를 더욱 풍부하게 해준다. 그래서 어떤 시퀀스라도 마지막에는 공간과 사건, 운동space, event, movement과 관련된다. 건축적인 상황의 의미도 이와 같이 공간과 사건, 운동에 달려 있다.

추미가 말하는 '사건의 시퀀스'는 연속적으로 전개되는 이미지를 단편적으로 보고 이를 몽타주 수법으로 만드는 콜라주 시퀀스다. 그가 설계하고 '시네그램cinegram'이라는 개념으로 설명한 파리의 라 빌레트 공원Parc de la Villette은 자율적인 부분이나 단편을 몽타주로 조작하여 건축에 비연속성을 도입하려 했다. 공원의 정사각형 격자무늬 교점마다 배치한 폴리folie라는 붉은 구조물도 이 위에 리듬을 가지고 배열되어 있다. 각각의 폴리는 거의 비슷한 볼륨이지만 형태는 아주 다르다. 또 공원의 산책로에도 시퀀스, 그리고 시퀀스와 어긋난 요소를 병치해두었다. 이로써 공원은 항상 일어나고 또 일어날 수 있는 활동을 수용하는 장이 되었다.

움직이는 신체 감각

건축적 산책로
사전에 결정된 경로

건축은 움직이지 않는다. 따라서 자유롭지 못하다. 그러면 움직이는 자동차나 비행기는 자유로운가? 그렇지도 않다. 그것들이 이동하는 사이에 사람은 고정된 상태다. 반대로 움직이지 않는 건축물 안에서는 사람이 움직일 수 있다. 오히려 건축물이 고정되어 있기 때문에 신체는 자유로울 수 있다. 문제는 건축물 안과 밖에서 신체의 움직임이 얼마나 자유로운가에 있다. 다시 말해 건축물을 그저 마음먹은 대로 움직일 뿐만 아니라 공간의 전개를 비롯해 물체의 구성, 빛과 바람 그리고 풍경을 체험하면서 생활하는 신체 운동에 자유를 주도록 설계하는가에 있다.

사람의 움직임을 시각적으로 파악하여 공간을 만든 근대 건축가는 르 코르뷔지에다. 그는 공간을 움직이며 시간이 지남에 따라 차례로 얻어지는 경험의 축적을 '건축적 산책로promenade architecturale'라고 했다. 특히 18세기 영국의 풍경식 정원에서는 기복이 있는 지형과 자유롭게 굽은 오솔길을 따라 경관의 변화를 만끽할 수 있었다. '건축적 산책로'는 변화가 있는 바닥을 걷는 사람과 함께 매스와 볼륨도 따라 움직이는 듯이 보이는 지각적인 장면의 변화를 말한다. 여기에서 '산책로'라는 말은 픽처레스크에서 경험할 수 있는 자연 풍광의 변화라는 뜻을 내포하고 있다.

그는 1923년에 라 로슈잔네레 주택Villas la Roche-Jeanneret을 설명하며 이렇게 썼다. "사람이 들어오면 건축적 광경이 계속하여 눈에 비친다. 장면은 시선에 따라 매우 다양한 형태로 전개된다. 흘러들어오는 빛의 놀이가 벽을 비추거나 어슴푸레함을 만들어낸다. 정면의 커다란 개구부에 이르면 형태가 보이고, 그것에서 또 한 번 건축적 질서를 발견한다."[88] 이는 '건축적 산책로'에 대해 제일 처음으로 쓴 문장이다.

20세기에 가장 많이 참조되어온 사보아 주택에는 '건축적 산책로'가 완성되어 있다. 1층 한가운데를 관통하는 램프는 주택 전체를 조직하는 골격이 되어 시선의 높이에 맞추어 이동하며 변화하는 장면을 통합해준다. 옥상의 풍경은 마치 하얀 입체가 군집한 지중해 마을을 연상시키는데, 옥상만이 아니라 내외부 공간 전체에 되풀이되어 있다. 사람의 움직임과 함께 공간이 지각되는 경로를 사전에 결정하는 것이다. 그는 '건축적 산책로'가 빛과 그림자, 개구부와 함께 다양하게 전개되는 형태이고, 잇달아 나타나는 사물이 눈에 호소하는 질서로 생각했다.

코르뷔지에는 사보아 주택의 '건축적 산책로'를 이렇게 설명하고 있다. "산책을 계속한다. 정원에서 2층으로, 경사로로 집의 옥상에 이르면 일광욕장이 있다. …… 그것은 걸음으로써a la marche 질서정연하게 배치되는 건축의 양상을 알 수 있다. …… 이 집에서는 끊임없이 변화하며 예기치 않게, 때로는 놀라운 양상을 제시하는 실제 '건축적 산책로'를 문제 삼고 있다."[89] '그것은 걸음으로써a la marche'란 에콜 데 보자르의 마르셰와 다를 것이 없다. 또한 사보아 주택의 '건축적 산책로'는 영화에서 화면을 편집하듯이 건축적 장면을 편집하여 만든 장치이기도 했다.

이처럼 3차원의 공간 이미지를 편집하는 것은 반드시 영화를 따랐다기보다 오히려 '건축'이기 때문에 가능한 물질이나 이미지 편집이 설계에서 가능해졌다는 뜻도 된다.

건축 프레임과 신체 프레임

'건축적 산책로'는 건축이라는 움직이지 않는 프레임과 그 안에서 움직이는 신체를 포함한 또 다른 프레임을 지각적으로 통합하는 건축적 태도를 말한다. 이는 프랭크 로이드 라이트의 '유동하는 공간'이나 미스 반 데어 로에의 '보편 공간'과는 다른 방식으로 대립하는 요소를 포함하며, 건물 안에서의 움직임과 그 가능성을 설계하려는 것이었다.

창은 자연을 내부에 끌어들이는 건축적 장치다. 미스의 주택에서는 안에 있는 주택의 길이와 높이 전체에 걸쳐 열린 창을 통해 자연을 바라보는데, 이는 신체와 무관하다 할 정도로 바깥 풍경이 내부를 압도한다. 그러나 사보아 주택의 창은 사람의 눈높이와 크기 그리고 신체의 움직임에 근거하고 있다. 경사로로 천천히 올라가면 창을 통해 자연이 영화의 한 장면처럼 클로즈업되어 주택과 섞인다.

르 코르뷔지에가 그린 주택 투시도를 보면 공간 내부에 기물과 인체가 있으며 심지어는 기르고 있는 개도 그려져 있다. 그는 창 너머로 마치 유토피아를 보듯이 실제와는 전혀 다른 세계를 그리기를 좋아했다. 그의 창을 통하면 수평선이나 픽처레스크한 정원을 보기도 한다. 코르뷔지에는 신체 주변에서 이루어지는 공간과 눈높이에서 수평 방향으로 열린 창을 바라보지만, 미스는 주택이든 오피스든 모두 사람의 주변에 있는 공간의 구조로 보았다. 미스의 주택에서는 인체가 그다지 개입하지 않지만, 코르뷔지에의 주택에서는 창의 높이와 크기가 인체를 통하여 안과 밖을 이어주는 장치가 된다.

'건축적 산책로'에서는 계단을 밟고 지면에서 서서히 위로 올라가는 신체의 경험에 대해 말하는데, 이것은 코르뷔지에가 생각했던 공간의 본질이기도 했다. 그가 초기에 제안했던 '시트로앙 주택Maison Citrohan'에서는 계단을 오르지만, 후기에 작업한 '카펜터 센터Carpenter Center for Visual Arts'에서는 경사로로 올라간다. 라 투레트 수도원에서는 동선을 결정하는 회랑을 두고 건물의 볼륨이 외부 공간을 에워쌌다. 그 결과 부분이 모여 전체를 이루는 것이 아니라, 전체가 미리 주어지고 그 안에서 시퀀스로 세부 경험을 접하며 전체상을 이해하게 되었다. 이처럼 그는 만년에 픽처레스크한 운동을 상자에 넣어 시간을 압축하고 편집하는 방식을 택했다.

이때 신체는 외기 안에서 움직이는 신체 감각을 뜻했다. 코르뷔지에가 '근대건축의 다섯 가지 요점'에서 말하는 '필로티'가 아래, '자유로운 평면'이 중간, '옥상정원'이 마지막에 놓인 것도 입체의 어두운 그늘 안에서 점차 밝은 외부와 자연을 향하는 신체 감각을 얻기 위한 배열이라고 해석할 수 있다. 그가 되풀이하여 강조한 '태양, 공간, 녹지'도 땅 위의 건축 공간과 그 위의 태양이라는 수직적 관계를 나타낸다. 어두운 공간에서 밝은 공간으로, 그리고 다시 대기의 공간으로 이어지도록 연결하는 것이 궁극적으로 그가 구현하려고 한 공간이었다.

코르뷔지에가 설계한 '건축적 산책로'의 대표적인 작품은 사보아 주택이지만, 아르헨티나의 부에노스아이레스에 지은 쿠루체트 주택Casa Curutchet도 자세히 살펴보아야 한다. 이 주택에서는 치과 의원과 주택이라는 두 개의 돔이노 형식이 경사로로 연결되어 있다. 경사로는 치과 의원 건물 밑을 지나 서서히 올라가다가 반쯤 덮여 있는 외부 공간을 지나게 된다. 이 경사로를 타고 앞으로 나아가면 주택의 볼륨 밑을 지나게 되고, 왼쪽에는 높은 난간 벽이 있어서 물리적인 압박을 받게 된다. 반대로 오른쪽에 있는 나무나 필로티, 현관, 자연광을 받는 계단참 등이 경사로로 올라가는 느낌을 더해준다.

방향을 바꾸어 치과 의원 건물로 향하면 투시도적인 지각은 사뭇 달라진다. 올라오던 입구와 치과 의원 입구, 대기실에서 보이는 넓은 공원, 하늘, 나무 때문에 공간은 열리고 확장된다. 경사로의 계단참에서 주택으로 들어가려면 비교적 좁은 계단실을 거쳐야 한다. 이렇게 해서 2층으로 올라오면, 정사각형 평면은 테라스와 브리즈솔레이유brise-soleil를 넘어 공원 쪽으로 확산된다. 돌출된 부엌 때문에 계단실에서 바라보는 시선은 좁고 길다. 경사로를 올라와 계단참 상부에서 약간 열렸다가 다시 폐쇄되는 계단실을 지나면 공간의 압축과는 정반대로 전방을 향해 트이는 모습이 전개된다.

아메다바드Ahmedabad의 섬유직물업협회Mill Owners' Association Building는 건물 전체가 외부로 된 격자 프레임으로 되어있고, 원기둥이 있으며, 또 곡면 벽이 자유롭게 감싸며 방을 만들고 있다. 동선은 복도 같은 것으로 규정되지 않는다. 노출된 계단은 외부로 나와 있는데, 각 층에서 다른 층으로 이동할 때 내부에서 외부로 그리고 다시 내부로 순환을 경험한다. 층마다 움직임이 발생하여 중단되지 않는 몇 개의 시퀀스가 동시에 나타나는 건축적인 장을 만들어내고 있다. 이 건물의 압권은 브리즈솔레이유의 프레임 외부에서 벽을 감듯이 구성된 최상층의 콘퍼런스 홀이다. 이 홀은 반쯤은 열려 있고 반쯤은 닫혀 있다. 그래도 순환은 멈추지 않는다. 홀 안에는 3차원의 나선운동을 일으키는 벽과 지붕이 사람을 계속 이동하게 한다.

'건축적 산책로'란 사보아 주택의 경사로가 아니며, 그 위를 천천히 걷는 행위만을 말하는 것도 아니다. 스스로 건축 안을 움직이는 자유에 관한 것이다. 경사로는 수평 방향으로 이동하면서 연속적으로 레벨의 변화를 야기하여 움직이는 신체에 자유를 주는 건축적 프레임이다. 수평 연속창도 사람이 움직일 때 경사로와 함께 작동하게 하여 흐르는 듯한 움직임과 시선을 마련해준다. 이 역시 신체와 시선에 자유를 주기 위한 건축적 프레임이다. 오늘날 경사로를 기울어진 바닥으로 확대 해석하는 것도 결국은 건축물 안으로 움직이는 신체의 자율성을 높여주기 위함이다.

패럴랙스
따라 움직이는 공간

공간 안을 걸을 때 시점은 상하좌우로 이동한다. 그러면 공간이 보이는 방식이 달라진다. 이것이 패럴랙스, 곧 '시차'다. 패럴랙스는 대상을 바라보는 위치가 달라서 관찰자에게 보이는 위치에 차이가 생기거나 이동하는 것을 말한다.

차를 타고 달리면 멀리 있는 물체가 차의 속도와 비슷해지는 현상이 패럴랙스다. 건축물에서는 사람이 열주를 지나갈 때 어떤 기둥은 앞에 나타나고 또 어떤 것은 뒤로 지나가서 위치가 상대적으로 달리 보이는 현상이다. 그러나 패럴랙스라는 개념은 우리가 알기 전부터 늘 존재했다. 문제는 이것을 어떻게 더욱 적극적으로 인식하는가에 있다.

패럴랙스의 효과는 주로 건물 외부에서 지각할 수 있었으나, 18세기 중반부터 내부에서도 이 효과를 인식하게 되었다. 실내에 커다란 거울을 두고 그 앞에서 움직이면, 비추는 상이 더불어 따라 움직임을 본 것이 시작이었다. 움직임에 따라 물리적으로 정해진 방의 공간이 움직이는 듯이 보였고, 이런 효과를 이용하면 방이 한계를 넘어 무한히 확장될 수 있을 것이라고 기대하게 되었다.[90] 그리고 이것은 철근 콘크리트로 지어진, 평면이 자유로운 건물에서 더욱 큰 효과를 얻을 수 있었다.

　　패럴랙스가 가장 잘 나타난 걸작은 자크제르맹 수플로Jacques-Germain Soufflot가 1790년에 설계한 생트주느비에브 성당Église Sainte-Geneviève이다. 오늘날에는 팡테옹Panthéon이라고 불린다. 이 성당은 독립된 원기둥의 숲을 이루고 있다고 할 정도로 그리스 십자 평면에 등간격의 기둥이 많다. 이러한 원기둥 사이를 움직이면 내부 공간의 풍경도 함께 움직이기 시작하여 어지러울 정도로 시각적인 운동 안에 놓이게 된다.

　　독일의 건축가이자 화가인 카를 프리드리히 싱켈Karl Friedrich Schinkel이 1828년에 설계한 베를린 구 박물관Altes Museum은 정면에 원기둥의 주랑을 두었다. 그런데 이 주랑을 통해서 루스트 정원Lustgarten을 바라보는 투시도가 있다. 이 투시도는 문헌에서 자주 인용되기로 유명한데, 도시 경관을 어떻게 시각적으로 즐길 것인가를 숙고하여 만드는 일종의 콜라주다. 열주랑에서 비스듬히 바라보는 공간 구성은 바로크 시대의 무대 배경화를 닮았다. 도시 경관은 정면의 열주를 지나 계단을 오르내리는 사람의 움직임에 따라 또는 주랑을 둘러싸고 움직이는 관람자의 시선과 함께 변화한다. 이때 각 건물이나 기마상 등의 조각물을 조금 어긋나게 배치하여 이동하는 사람이 열주 사이에서 잘 보이게 했다.

　　지그프리트 기디온은 '시공간'이라는 개념으로 근대건축이 마치 새로운 공간을 창출한 것처럼 주장했다. 그러나 건축사가 피터 콜린스Peter Collins는 이런 시각적 효과는 패럴랙스를 근대적으로 발전시킨 것 이상도 이하도 아니라고 비판했다. 그리고 관찰하는 지점이 바뀔 때마다 나타나는 패럴랙스 현상은 천문학에서는 중요한 특성이지만, 건축에서는 이미 최초의 다주실多柱室에서 명확하게 나타난 것이라고 했다.[91] 이는 중세 성당이나 홀에서 익히 나타난 현상이다.

미스의 바르셀로나 파빌리온에 있는 십자 기둥도 마찬가지다. 크롬으로 도금한 이 십자 기둥과 자유로운 벽면을 구성한 것도 관찰자가 위치를 바꿈으로써 대상이 바뀌어 보이게 하기 위함이었다. 그 결과 오닉스 벽, 유리면, 외부 풍경 등 서로 다른 요소가 기둥과 관계하면서 사람의 움직임에 따라 변화하게 만들었다.

스티븐 홀의 패럴랙스

스티븐 홀은 투시도적 공간perspectival space이란 그 공간을 "지각하는 사람의 입장에서 생각하고 시야를 변화시켜 이를 다른 시야와 중첩되도록 하는" 수법이라고 말한다. 그래서 투시도로 3차원 공간 안에 직접 만든 공간 요소를 평면도, 입면도, 단면도로 기술함으로써 건축과 도시 공간을 다시 구축하고자 했다. 그는 특별히 패럴랙스에 주목했고, 같은 이름의 책[92]도 출간했다.

홀이 패럴랙스라는 개념으로 말하려는 바는 그 범위가 훨씬 넓다. 그는 폴 발레리의 글을 인용한다. "우리의 기쁨은 돌아다니며 건물을 움직이게 하는 데서 나온다. 다만 부분들로 이루어진 모든 조합을 즐기게 된다. 부분이 변하면, 기둥이 돌아서고 깊이가 물러나며 갤러리가 미끄러진다. 그리고 무한한 시야가 탈출한다."[93] 여기까지는 앞에서 말한 패럴랙스 효과와 다를 바 없으나, 다만 건물 안을 움직이면서 건축을 구성하는 여러 부분이 합쳐지는 것을 즐기는 것이 기쁨이 된다는 표현은 주목할 만하다.

홀은 공간이 건축의 본질적인 매개라고 보았다. 그런데 건축의 공간은 비어 있지 않고 주변의 도시 공간이나 풍경으로 채워져 있다. 그는 우리가 일상을 느리게 경험하고 있다고 강조한다. 과거에는 투시도법으로 수평의 공간을 지각했다면, 오늘날은 수직적 차원으로 지각한다. 바닥에서 수평으로 움직이면서 투시도적으로 지각되었던 것이 수직적인 운동으로 체험되는 것이다. 이것이 그가 말하는 '패럴랙스'다.

도시 공간은 구조물의 가장자리, 윤곽, 표면으로 한정된다. 그러나 이를 단순 기하학이나 파사드라는 개념만으로는 설명할 수 없다. 도시 공간은 빛 안에서 동적으로 경험되어 패럴랙스로 다시 정의되기 때문이다. 도시 공간은 하나하나가 약간씩 차이를 갖는 건물의 평탄한 벽으로 경험된다. 따라서 도시 공간은 건물의 경계면을 비추며 시간에 따라 변화하는 빛과 따로 지각되지 않는다. 콘크리트 벽의 표면은 빛을 받아 반짝이기도 하고 그림자를 떨어뜨리기도 하는데, 이때 표면을 가로지는 신체의 움직임과 함께 상호작용한다. 구조물의 윤곽 등으로 한정되는 도시 공간은 운동, 패럴랙스, 빛이 엮인 지점에 맞물려 있다.

홀의 이러한 생각을 공간을 걸을 때 시점이 상하좌우로 이동하면서 달리 보이는 일반적인 패럴랙스와 비슷하다고 여기겠지만, 실은 많이 다르다. 패럴랙스에는 공간 안을 움직이면 기둥이나 벽이 함께 움직이는 것 이외에 수평과 수직으로 결합하는 풍경, 빛, 주체와 객체가 포함된다. 이는 보는 것과 보이는 것, 만질 수 있는 것과 볼 수 있는 것의 결합이다. 눈이 작동하고 몸이 합쳐지며 마음이 움직인다.

그렇다면 패럴랙스에서 어떤 방식으로 합쳐질까? 홀은 '상호역교배相互逆交配, criss-crossing'라는 용어를 사용한다. 이것은 "1대 잡종의 암컷에 그 양친 품종 중 어느 한 품종의 수컷을 교배시킨다. 그리고 그다음 세대에는 이 사이에서 탄생한 암컷에 다른 양친의 순종 수컷을 교배시키는 것"이다. 어려운 용어다. 수직 운동과 빛, 빛과 건물 벽의 표면, 표면과 풍경, 풍경과 주체, 주체와 보이는 것 또는 보이지 않는 것이 선후를 가리지 않고 계속 결합되는 양상을 가리킨다. 패럴랙스는 사람이 움직이면서 상호역교배를 경험하는 것을 말한다. 이런 이유에서 '패럴랙스'를 새로운 공간을 지각하는 열쇠라고 말하고 있다.

홀의 패럴랙스가 과연 무엇을 말하는 것인지는 그가 르 코르뷔지에의 라 투레트 수도원에 대해 쓴 글에 잘 나타나 있다. 이 글에서 그는 땅에 접해 있는 북쪽 변에서 출발하여 중정을 지나

성당에 들어와 제대를 살핀다. 다시 어두운 통로를 빠져 나와 제구실 위에 있는 일곱 개 천창이 있는 곳을 지난다. 지하 경당crypt에 이르러 경사진 벽면을 에워싸고 흐르는 듯한 공간을 경험한다. 그리고 몸을 비틀며 나선형으로 도는 계단을 통해 아트리움으로 간 다음, 좁고 다이나믹한 종탑까지 올라가 옥상정원에 이른다.

이 정도는 홀과 같은 건축가만이 아니라 수도원을 경험하는 누구나 거칠 수 있는 경로다. 그런데 그는 이 수도원에서의 경험을 길게 기록하여 「상호역교배」 장에 실었다. 자신의 작품인 '키아스마 미술관Museum of Contemporary Art Kiasma'이 수도원을 수직 수평으로 이동하면서 접하게 되는 많은 인자의 결합과 관련되었음을 예시하고 싶었기 때문이다.

유보의 운동

선택하고 기다리는 것

건축의 운동에서 계속 움직이는 것만이 의미가 있을까. 사람은 계속 움직이기만 하는 것일까. 그렇지 않다. 움직이다가 멈추고 멈췄다가 다시 움직인다. 이것이 운동의 기본적인 속성이며 곧 선택이다. 두 가지 이상의 개념에서 어떤 것을 선택하고 그에 따라 움직이는 것은 내가 나의 경험을 결정한다는 뜻이다. 건축이 자발적인 인간에게 끼치는 영향은 자기가 선택하고 움직이는 것을 경험으로 배우며 산다는 데 있다.

교수이자 건축사진가인 헨리 플러머Henry Plummer는 『건축의 경험The Experience of Architecture』에서 이렇게 말한다. "사람이 '피아노 건반'처럼 다른 이에게 통제당하는 연구의 대상이 아님을 스스로 입증할 수 있는 유일한 방법은 자신에게 주어진 '제한 없는, 완전히 독립적인 선택'을 …… 행사하는 것이다."[94]

러시아의 문호 표도르 도스토옙스키Fyodor Dostoevskii도 강조하지 않았던가, 인간이 할 수 있는 가장 큰 일은 자유를 선택하는 것이라고 말이다. 물론 건축 공간 안을 다니는 것이 도스토옙스키가 말한 자유와 선택까지 확장될 일은 아니나, 사람에게 선택이 그만큼 중요하다는 의미다. 자유는 목표를 향해 가는 과정이다. 따라서 도스토옙스키가 비판한 것처럼 사람들의 선택을 차단하거나 강요하는, '선택하지 않음'을 지양해야 한다.

루이스 칸은 움직임 자체보다는 공간이란 인간을 담는 것이라는 사실에 주목했다. 르 코르뷔지에와는 달리, 그는 복도나 홀을 따라 통과하며 만들어진 공간을 스치며 관망할 게 아니라, 중정이라는 멈춤의 공간에서 어디로 가야 할지 선택하는 인간의 움직임을 강조하고자 했다. "어떤 건물 안에서 여러분은 여러 교실의 실재를 어쩔 수 없이 스치게 되어 있다. 그러나 다른 건물에서는 원하기만 하면 중정에서 선택하여 들어갈 수 있다. …… 직접적이라기보다는 오히려 거리를 두고는 있지만, 그곳에는 우리가 함께 있다는 연합의 감정feeling of association과 같은 것이 있다."[95]

이 말은 칸이 특별히 '라이스대학교 건축학부RSA, Rice School of Architecture 계획안'을 염두에 두고 한 말이다. 이 계획에서는 기존 건물 사이에 난 길을 멈춤과 유보의 장소로 만들었다. 건물을 길게 두고, 독립된 건물들을 배치하고, 움직이는 가운데에 중정을 두었다. 그저 스쳐 지나는 공간이 아니라, 인간을 위한 내부 공간을 다시 확립하려 했기 때문이다.

르 코르뷔지에가 사람의 움직임에 따라 물체와 공간이 상대적으로 어떻게 전개되는가에 관심을 두었다면, 루이스 칸은 사람이 움직일 때 어떻게 마음의 장소를 선택하는가를 중요하게 여겼다. 코르뷔지에의 건축 공간이 선적으로 연결되어 "어쩔 수 없이 스치게 되어" 있다면, 칸은 움직임 속에서 멈추고 선택하기 위한 '중정'이라는 장소를 두었다. 공간 속에서 '선택'하는 것은 유보하는 것이며, 유보한다는 것은 사람마다 제각기 또 다른 가능성을 주는 것이다.

멈춤은 운동의 또 다른 방식이다. 멈춤은 문자 그대로 가던 길에서 정지하는 것이 아니라, 오히려 많은 사람이 함께 참여하기 위한 것이다. 그래서 중정을 통해 '함께 있다는 연합의 감정'을 이끌어내고자 한다. 선택하는 가능성이란 정해진 것이 아니어서 언제나 우연히 발현된다. 칸은 멈춤을 위한 공간을 이렇게 표현한다. "멈춤의 장소로서 창문과 의자를 마련한다면, 어느 노인은 자연스럽게 계단을 오르다가 멈추어 우연히 그곳에 떨어져 있는 책을 집어들 수도 있을 것이다." 이동하기 위해 만든 계단일지라도, 사람에게 이로운 우연한 행위를 기다리는 공간이 '멈춤의 공간'이고 유보를 위한 공간이다.

현관은 드나드는 행위, 복도는 지나다니는 행위를 위한 것이지만, 현관은 엔트런스라고 하고 복도는 갤러리라고 한다. 엔트런스는 드나들 수도, 되돌아갈 수도 있어서 행위의 범위가 넓다. 갤러리는 지나다니지만 그 안에 멈춤도 있고 돌아서 가는 행동도 있으며, 사람마다 다른 여러 행위가 구분되지 않은 채로 섞여 있다. 따라서 일반적으로 '동선'으로서의 복도나 로비가 아니라, '멈춤과 유보'가 가능한 엔트런스나 갤러리에 대한 고찰이 필요하다.

예일 영국 아트센터Yale Center for British Art의 1층 평면을 보면 건물 모퉁이에 나지막한 입구가 있다. 입구의 바닥은 정사각형이고 가운데 기둥이 있으며 4등분되어 있다. 현관을 열고 들어가면 갑자기 전층 높이의 엔트런스 코트가 나타나 걸음을 멈추게 된다. 이 코트에서는 간결한 층 구성과 견실한 마감 재료 그리고 바닥과 빛과 천장의 명확한 관계로 이 미술관이 어떤 구조로 되어 있는지 알 수 있다. 이 코트에서는 르 코르뷔지에의 아메다바드 섬유직물업협회와 같은 동선, 순환, 흐름, 연속적인 시퀀스 등이 전혀 나타나지 않는다.

그다음 공간으로 이동하려면 완전히 막힌 원통 계단으로 한 층 더 올라가야 한다. 따라서 연속적인 흐름은 이 계단을 단절한다. 계단을 나오면 엔트런스 코트의 중정이 이동을 이끈다. 전시실을 한 바퀴 돌면, 원통 계단의 벽면 사이로 빛이 들어오고 3층 높이의 도서관 코트가 나타난다. 엔트런스 코트는 수직성이 강했으나 도서관 코트에서는 수평성이 강하다. 이어서 다음 층으로 올라가면 두 개의 중정을 끼고 층의 바닥 전체를 이동하게 되지만, 전시실은 정사각형의 구조체를 기반으로 방을 이루고 사람의 움직임을 정지시킨다.

사이에서 이행하는 것

킴벨미술관Kimbell Art Museum은 북쪽과 남쪽에서 건물에 근접하며 측면을 보고 들어오게 되어 있다. 올라오는 계단과 같은 축 위에 포티코가 열려 있고, 그 옆에는 낮은 분수가 있다. 언뜻 보기에도 이 포티코는 남북의 도로를 직선으로 잇는 통로의 일부처럼 보인다. 하지만 르 코르뷔지에의 '건축적 산책로'처럼 사람의 움직임이 유연하게 움직이도록 공간을 분배한 것이 아니다. 실제로도 공원 쪽에서 바라보면 이 건물은 마치 공원에서 독립된 현대의 고전 건물처럼 보인다.

그렇지만 의문은 남는다. 남북에서 열린 포티코로 걸어들어오는 경로를 따라가면, 건축적 요소인 볼트와 포티코 사이로 보이는 물과 나무라는 자연적 요소와 서로 대립한다.

이 건물을 설계한 루이스 칸의 스케치*를 보면, 사람이 걸어들어올 때 건축적 오브제가 어떻게 보이는지에는 전혀 관심이 없다. 미술관 앞 공원을 미술관 크기만큼 그린 것을 보면, 미술관과 넓은 공원 사이의 관계에 관심을 두었음을 알 수 있다. 더욱이 서쪽 입면 중 가운데 부분은 나무숲이다. 이 스케치에는 건물 이름이나 위치를 밝히려고 쓴 글 중에서 중요한 것을 모두 길게 한 줄로 늘어놓았다.

이 스케치 맨 아래에는 차량 동선이 지나고 있고 맨 위는 인적이 드문 공원이어서, 스케치는 아래에서 위를 향해 인공에서 자연으로 변화하는 모습을 나타낸다. 따라서 미술관과 공원이 만나는 부분은 인공에서 자연으로 이행하는 중간 단계가 된다. 남북 입구에는 '보행자 입구Pedestrian Entrance'라고 적었고, 숲이 시작하는 곳에는 '숲의 입구Entrance of the Trees'라고 크게 적었다. 그리고 그 아래에는 '입구 테라스 전정前庭, The Entrance Terrace Forecourt'이라고 표시되어 있다. 이와 같이 건물 한가운데가 숲의 입구와 건물의 입구가 만나는 부분이 된다. 따라서 미술관과 공원이 접하는 부분은 건축과 자연의 사이이며, 이 사이는 사람이 이동하면서 멈추게 되는 '사이 공간'이다.

그런데 공원에 면하는 좌우 포티코 사이에 안쪽으로 코트가 깊이 들어와 있는데, 이 코트는 미술관과 공원을 이어주는 사이 공간이다. 성당으로 말하자면 주보랑의 역할이다. 건물이 "미술관에 들어가는 이들을 위한 공간"이고, 공원이 "미술관에는 들어가지는 않는 이들의 공간"이라면, 이 코트는 "가까이 있으면서도 미술관에 들어가지 않는 이들을 위한 공간"이다. 다시 말해 들어가는 운동과 들어가지 않는 운동, 가까이 있으면서도 들어가기를 아직 결정하지 않은 유보의 운동을 위한 곳이다. 칸은 코르뷔지에와는 달리, 이렇게 운동을 건물의 본성과 관련하여 새롭게 인식하고 규정했다.

열린 코트에 들어오려면 규칙적인 간격으로 서 있는 나무를 피해 포티코를 통하면 된다. 그렇다면 사람의 움직임이 빈번한 이 장소에 왜 규칙적으로 나무를 심었을까? 그것은 남과 북에서 들어오는 사람의 움직임이 이 코트에 머물도록 하기 위함이었다. 만일 코트에 나무를 심지 않았더라면, 두 포티코는 남북의 접근로에서 건물의 입구 역할을 하지 못하고 공원을 관통하는 아케이드가 되었을 것이다.

따라서 이 코트는 중앙 포티코의 연장이자 자연의 연장이다. 스케치에서 '풀pool' '수반水盤' '앉기 위한 벽'이라 쓴 것은 미술관에 들어가지 않더라도 이곳에 머물 수 있게 하려는 의도다. 실제로도 이곳은 잠시 쉬어가거나 공원과 미술관을 동등하게 바라보는 장소다. 또한 안쪽 엔트런스 갤러리에서 공원 쪽을 바라보았을 때, 입구에 있는 코트는 공원이 미술관 앞까지 다가온 듯이 느껴지는 또 다른 내부 코트가 된다. 특히 1층에서 주차하고 들어온 사람이 미술관 중앙 계단으로 올라와 이 엔트런스 갤러리를 통하면, 열린 코트는 중심 공간이 된다.

"미술관은 정원을 필요로 한다. 사람들은 정원을 걷고 안에 들어갈 수도 있으며, 들어가지 않아도 좋다. 이 커다란 정원은 미술품을 보러 들어와도 좋고, 지나쳐도 좋다고 말하고 있다. 완전히 자유다."[96] 미술관의 엔트런스에 있는 열린 중정을 두고 한 말이다.

바꾸어 말하면, 미술관을 방문한 사람의 동선에 따라 운동의 장소가 어떻게 배열되어야 하는가를 함축적으로 나타내고 있다. 이는 사람의 움직임에 따른 단순한 장면 변화가 아니라, 건물의 본질에서 멈춤과 유보의 공간에서 발견하고, 이를 어떻게 전체 운동 속에 배치하는가에 관한 것이었다. 건축에서 운동이란 계속 움직이기만 하는 것이 아니라, 멈춤과 유보를 통해 얻어지는 것임을 인식하지 않으면 안 된다.

주석

1   Juhani Pallasmaa, *Encounters: Architectural Essays*, Rakennustieto Publishing, 2008, p. 61.

2   浅田 彰(監修), NTT出版(編集), Anybody—建築的身体の諸問題, '鏡とマント'(Fernando Pérez Oyarzun, The Mirror and the Cloak), NTT出版, 1994, p. 212.

3   Adrian Forty, "On Difference: Masculine and Feminine", *Words and Buildings, A Vocabulary of Modern Architecture*, Thames & Hudson. pp. 43-61
(에이드리언 포티, 이종인 옮김, 『건축을 말한다』, 미메시스, 2009)

4   建築術 第2巻, 空間をとらえる, 彰国社, 1972, p. 22.

5   原広司, 空間—機能から様相へ, 岩波書店, 1987, p. 239.

6   구마 겐고 지음, 이규원 옮김, 『의성어 의태어 건축』, 안그라픽스, 2017의 서문
隈研吾 オノマトペ 建築, エクスナレッジ, 2015.

7   Beatriz Colomina, 'Interior', *Privacy and Publicity: Modern Architecture as Mass Media*, The MIT Press, 1994, p. 265.

8   Mark Wigley, White Walls, *Designer Dresses: The Fashioning of Modern Architecture*, The MIT Press, 1996.

9   K. Michael Hayes, *Modernism and the Postmodernist Subject: The Architecture of Hannes Meyer and Ludwig Hilberseimer*, The MIT Press, 1992.

10   스티브 도나휴 지음, 고상숙 옮김, 『사막을 건너는 여섯 가지 방법』, 김영사, 2011.

11   Iain Borden, *Skateboarding, Space and the City : Architecture and the Body*, Berg, 2001.

12   Oskar Schlemmer, Laszlo Moholy-Nagy, "Mensch und Kunstfigur", *Die Bühne im Bauhaus*, Mann, Gebr., 2003(1925), pp. 7-24(杉本俊多, バウハウス—その建築造形理念, 鹿島出版会, 1979, p. 140에서 재인용)

13   Colin Rowe, "La Tourette", *The Mathematics of the Ideal Villa and Other Essays*, The MIT Press, 1979, p.186-195.

14   Jacob E. Nyenhuis, *Myth and the Creative Process: Michael Ayrton and the Myth of Daedalus*, Wayne State University Press, 2003, p. 30.

15   Steven Holl, "The Stone and the Feather", *Parallax*, Princeton Architectural Press, 2000, pp. 252-255(또는 Steven Holl, *Intertwining*, Princeton Architectural Press, 1996, p. 15에도 같은 글이 있다.)

16   田中友章, ホールとアールトを紡ぐもの', アルヴァー・アールト Vol. 2, 建築文化 1998年 10月号, 彰国社, p. 162

17   이에 대해서는 '촉각에서 시각으로'라는 절에서 다시 다룬다.

18   Alexander Tzonis, *Towards a Non-oppressive Environment*, i Press, 1972, p.85
(알렉산더 츠오니스, 이강헌 옮김, 『건축적 사고의 구조』, 태림문화사, 1993, p.113)

19   Kenneth Frampton, "Introduction: Reflections on the Scope of the Tectonic",
      Studies in Tectonic Culture, The MIT Press, p. 2.

20   Louis I. Kahn, Robert C. Twombly(ed.), *Louis Kahn: Essential Texts*,
      W. W. Norton & Company, 2003, p. 268.

21   유하니 팔라스마 지음, 김훈 옮김, 『건축과 감각』, 시공문화사, 78쪽 재인용.

22   같은 책 참조.

23   Rem Koolhaas, Bruce Mau, *S, M, X, XL*, 010 Publishers, 1995, pp. 285-287.

24   Edward Hall, *The Hidden Dimension*, AnchorBooks/Doubleday,
      1990, pp. 114-125.

25   Juhani Pallasmaa, "Architecture of the Seven Senses", *Questions of Perception:
      Phenomenology of Architecture*, A+U, 1994. 7, p. 30.

26   마르틴 하이데거 지음, 오병남·민형원 옮김, 『예술 작품의 근원』, 예전사,
      1996, 49쪽.

27   Detlef Mertins(ed.), "Rosalind Krauss, The Grid, /Cloud/, and the Detail",
      Presence of Mies, Princeton Architectural Press, 2000, pp. 123-147.

28   Peter Zumtor, *Atmospheres*, Birkhäuser Architecture, 1997, p. 11(페터 춤토어
      지음, 장택수 옮김, 『분위기ATMOSPHERES: 건축적 환경 주변의 사물』,
      나무생각, 2013)

29   Peter Zumtor, "Unexpected truths", *Thinking Architecture*,
      Birkhäuser Architecture, 2006, pp. 19-20.

30   질 들뢰즈 지음, 김재인 옮김, 『천개의 고원』, 새물결, 2001.

31   Kenneth Frampton, *Modern Architecture: A Critical History*,
      Thames & Hudson; 3 edition, 1992, p. 82.

32   Le Corbusier, James Dunnett(trans.), "A Coat of Whitewash; The Law of
      Ripolin", *The Decorative Art of Today*, The MIT Press, 1987, p. 192.

33   Ellen Lupton, *Skin: Surface, Substance, and Design*, Princeton Architectural
      Press, 2002, p.106, 111.

34   Todd Gannon(ed.), *The Light Construction Reader*, The Monacelli Press,
      2002, pp. 57-58.

35   John Ruskin, *Modern Painting*, Knopf, 1888.

36   Rosalind Krauss, Detlef Mertins(ed.), "The Grid, The /Grid/ and the Detail",
      The Presence of Mies, Princeton Architectural Press, 1996, pp.133-147.

37   Robin Evans, *Mies van der Rohe's Paradoxical Symmetries, Translations from
      Drawing to Building and Other Essays*, The MIT Press, 1997, pp. 232-276.

38   A Conversation with Jean Nouvel, *El Croquis: Jean Nouvel*, 1994-2002.

39   장 누벨 지음, 권영민 옮김, 『건축적 입장들』『건축과 가상의 세계』, 시공문화사,
      2011, 390쪽.

40   Gilles de Bure, *Dominique Perrault*, Vilo International, 2004, p. 85.

41   같은 책, p. 65

42   DUNG NGO 지음, 김광현·봉일범 옮김, 『루이스 칸, 학생들과의 대화』,
          엠지에이치앤드맥그로우힐한국, 2001, 67쪽.

43   Geoffrey Alan Jellicoe & Susan Jellicoe, *The Landscape of Man*,
          Thames & Hudson, 1995, p. 172 및 전봉희, '양동마을 주요 건축물의 안대 분석',
          「조선시대 씨족마을의 내재적 질서와 건축적 특성에 관한 연구」, 서울대 공학박사
          학위논문, 1992, 155쪽.

44   Le Corbusier, Vers une Architecture, Editions Flammarion, 1995(1923), p.31

45   같은 책, p.143.

46   Le Corbusier(1963), Carnet T70, n. 1038, 15/08/1963, published in "Casabella"
          n. 531-532/1987.

47   Le Corbusier, Vers une Architecture, Editions Flammarion, 1995(1923), p.151.

48   Thomas Schumacher, *Deep Space, Shallow space*, Architectural Review,
          1987, pp. 37-42.

49   Alan Colquhoun, "Formal and Functional Interactions", Essays in *Architectural
          Criticism: Modern Architecture and Historical Change*, The MIT Press,
          1981, p. 33.

50   Spiro Kostof, "3. The Community of Architecture", *A History of Architecture*,
          Oxford University Press, 1995, p. 170.

51   Jay Appleton, *The Experience of Landscape*, Wiley, 1996.

52   파울 프랑클 지음, 김광현 옮김, 『건축형태의 원리』, 기문당, 1989, 273-274쪽.

53   같은 책, 274쪽.

54   松浦寿輝, エッフェル塔試論, 筑摩書房, 2000, p. 152.

55   Le Corbusier, Frederick Etchells(trans.), "Urbanisme", *The City of
          Tomorrow and Its Planning*, Dover Publications, 1987, pp. 184-186.

56   같은 책, pp. 187.

57   Le Corbusier, Les Trois Etablissements Humains(ル・コルビュジェ, 山口知之 訳,
          三つの人間機構(SD選書 138), 鹿島出版会, 1978, p. 166)

58   강우영, 「아돌프 로스의 '라움플란'에 관한 연구」, 서울대 건축의장연구실
          석사학위논문.

59   Risselada. M, *Raumplan versus Plan Libre: Adolf Loos to Le Corbusier*,
          010 Publishers, 2008, p. 37 그림 참조.

60   Beatriz Colomina, "Interior", *Privacy and Publicity: Modern Architecture as
          Mass Media*, The MIT Press, 1994, pp. 233-281.

61   Beatriz Colomina, "Window", *Privacy and Publicity: Modern Architecture as Mass Media*, The MIT Press, 1994, pp. 260-264.

62   같은 책, pp. 258.

63   Disney Space, *The Harvard Design School Guide to Shopping : Harvard Design School Project on the City 2*, Taschen, 2002, pp. 271-297.

64   Herman Hertzberger, *Space and the Architect: Lessons for Students in Architecture 2*, 010 publishers, 2000, pp. 122-129, 146, 156, 166, 263.

65   같은 책, pp. 134-137.

66   같은 책, pp. 156-164.

67   파울 프랑클 지음, 김광현 옮김, 『건축형태의 원리』, 기문당, 1989, 246-248쪽.

68   ダゴベルト・フライ, 比較芸術学, 吉岡健二郎(訳), 創文社, 1980, p. 6 (Dagobert Frey, Grundlegung zu einer vergleichenden Kunstwissenschaft, Friedrich Rohrer Verlag, 1949)

69   파울 프랑클 지음, 김광현 옮김, 『건축형태의 원리』 「제임스 S. 액커맨에 의한 영역판의 서문」, 기문당, 1989, 9쪽.

70   アンドレ ルロワ=グーラン, 身ぶりと言葉, 筑摩書房, 2012, pp. 508-512.

71   DUNG NGO 지음, 김광현·봉일범 옮김, 『루이스 칸, 학생들과의 대화』, 엠지에이치앤드맥그로우힐한국, 2001, 65-66쪽.

72   Michel Serres, Lawrence R. Schehr(trans), *The Parasite*, Johns Hopkins University Press, 1982, pp. 10-11. 한편 이 인용문은 Stan Allen, *Points and Lines: Diagrams and Projects for the City*, Princeton Architectural Press, 1999. 첫 페이지와 Stan Allen, A. Krista Sykes(ed.) "Field Conditions", *Constructing a New Agenda: Architectural Theory 1993–2009*, Princeton Architectural Press, 2010, pp. 131-132에도 실려 있다.

73   Adrian Forty, *Words and Buildings: A Vocabulary of Modern Architecture*, Thames & Hudson, 2000, pp. 86-94(에이드리언 포티 지음, 이종인 옮김, 『건축을 말한다』, 미메시스, 2009 참고)

74   Eugène Viollet-le-Duc, Entretiens sur l'Architecture(2 volumes) 1863-72, *Lectures on Architecture*, Dover Architecture, 2011(외젠 비올레르뒤크 지음, 정유경 옮김, 건축 강의 2, 아카넷, 2015)

75   Le Corbusier, Edith Schreiber Aujame(trans.), *Precisions: On the Present State of Architecture and City Planning*, The MIT Press, 1991, pp. 128-132.

76   Francis D.K. Ching, *Architecture: Form, Space & Order*, Van Nostrand Reinhold, 1979, p. 246.

77   파울 프랑클 지음, 김광현 옮김, 『건축형태의 원리』, 기문당, 1989, 140쪽.

78   Francis D.K. Ching, *Architecture: Form, Space & Order*, Van Nostrand Reinhold, 1979, pp. 286-289.

79   www.namu.wiki/w/파리%20오페라%20하우스

80   Ben van Berkel, Caroline Bos, UN Studio, "vol. 2 Techniques", *Move*(3 Volumes),
      Goose Press, 1999, p. 43.

81   Foreign Office Architects, *Phylogenesis: FOA's Ark*, Actar Publishers,
      2003, pp. 22-41.

82   バーナード・ルドフスキー, 平良敬一(訳), 人間のための街路, 鹿島出版会, 1973,
      p. 15(Bernard Rudofsky, *Streets for People: A Primer for Americans*,
      Doubleday & Company, 1969)

83   畑聡一, 芝浦工業大学 建築工学科 畑研究室, エーゲ海・キクラデスの光と影,
      建築資料研究社, 1990, p. 132.

84   Alessandra Latour(ed.), "Order is", *Louis I.Kahn: Writings, Lectures, Interviews*,
      Rizzoli, 1991, p. 58

85   파울 프랑클 지음, 김광현 옮김, 『건축형태의 원리』, 기문당, 1989, 141쪽 이하.

86   David van Zanten, *Architectural Composition at the Ecole Des Beaux-Arts,
      From Charles Percier to Charles Garnier, The Architecture of the Ecole Des
      Beaux-Arts*, The Museum of Modern Art, The MIT Press, 1977, pp. 152, 185.

87   Bernard Tschumi, "Sequence", *Architecture and Disjunction*, The MIT Press,
      1994, p. 153-168.

88   Le Corbusier, Œuvre complète Volume 1: 1910-1929, 1995, Birkhäuser, p. 52.

89   Le Corbusier, Œuvre complète Volume 2: 1929-1934, 1995, Birkhäuser, p. 14.

90   Peter Collins, *Changing Ideals in Modern Architecture*, 1750-1950,
      McGill-Queen's University Press, 1973, p. 27.

91   같은 책, p. 292.

92   Steven Holl, *Parallax*, Birkhäuser, 2000. pp. 14-55.

93   같은 책, p. 22.

94   헨리 플러머 지음, 김한영 옮김, 『건축의 경험』, 이유출판, 2017, 10쪽.

95   DUNG NGO 지음, 김광현·봉일범 옮김, 『루이스 칸, 학생들과의 대화』,
      엠지에이치앤드맥그로우힐한국, 2001, 65-66쪽.

96   David B. Brownlee, *Louis I. Kahn: In the Realm of Architecture*,
      Rizzoli, 2005, p. 131.

도판 출처

생트마리 마들렌 성당 © 김광현

미케네의 티린스 성채 © Spiro Kostof,
A History of Architecture, Oxford
University Press, 1995, p. 103

로잔연방공과대학교 롤렉스
학습센터 © www.pinterest.co.kr/
pin/414542340679900034

윌리엄 포사이스의 무용 '에이도스-텔로스'
© www.artsalive.ca/en/dan/meet/bios/
artistDetail.asp?artistID=150

덴마크 외레스타드고등학교 © 3xn.com/
project/orestad-college

국립 소피아 왕비 예술센터 옥상 테라스
© 김광현

카사 바트요의 난로 © 김광현

루이스 칸의 킴벨미술관 스케치 © Louis
Kahn, *Light Is the Theme: Louis I. Kahn
and the Kimbell Art Museum*, Kimbell
Art Museum, 1975, p. 63

몰러 주택의 단면과 시선 © Risselada.M,
*Raumplan versus Plan Libre: Adolf Loos
to Le Corbusier*, 010 Publishers,
2008, p. 37

수탈룬 © www.pinterest.co.kr/
pin/33847434683687094

알바로 시자의 방과 신체 스케치 ©
Antonio Angelillo, *Alvaro Siza:
Writings on Architecture*, Skira, 1998

철망 사이의 얼음 © Steven Holl,
Parallax, Birkhäuser, 2000. p. 80

스티븐 홀의 내부 공간 수채화 © simondl
inardi.blogspot.kr/2014/02/steven-holl-
watercolours.html

아잔타 석굴 © 김광현

케이스 스터디 하우스 22번 ©
betterlivingsocal.com/case-study-house-
22-a-modernist-icon-built-for-
family-living

뒤렌의 성 안나 성당 © 김광현

안토니오 코라디니의 '베일을 쓴 여인'
© twistedsifter.com/2014/11/veiled-
figures-carved-out-of-marble-by-
antonio-corradini

로버트 스톤의 '피티드 셔츠Fitted Shirt'
© Skin: surface, substance, and design,
Ellen Lupton, 2002,
Princeton Architectural Press, p.106

바르셀로나 파빌리온과 콜베의 조각 ©
김광현

이 책에 수록된 도판 자료는 독자의
이해를 돕기 위해 지은이가 직접
촬영하거나 수집한 것으로, 일부는 참고
자료나 서적에서 얻은 도판입니다. 모든
도판의 사용에 대해 제작자와 지적 재산권
소유자에게 허락을 얻어야 하나, 연락이
되지 않거나 저작권자가 불명확하여
확인받지 못한 도판도 있습니다. 해당
도판은 지속적으로 저작권자 확인을 위해
노력하여 추후 반영하겠습니다.